Control de plagas
y enfermedades forestales

2.ª EDICIÓN

Control de plagas y enfermedades forestales

2.ª EDICIÓN

Alberto Moreno Vega

Ediciones Mundi-Prensa
C/ Sierra de Guadarrama 35. Naves 2, 3, 4 y 5
Polígono Industrial San Fernando II
28830 San Fernando de Henares, Madrid
Teléfono: (+34) 914 463 350
clientes@paraninfo.es / www.paraninfo.es

© **2026 de textos:** Alberto Moreno Vega
© **2026 de la edición:** Ediciones Mundi-Prensa

Primera edición: 2017
Segunda edición: 2026

Autor: Alberto Moreno Vega
Maquetación: Ediciones Nobel, S. A.

Imprime: Liberdigital (Casarrubuelos, Madrid)
ISBN: 978-84-1993-456-7
Depósito legal: M-4337-2026

(33954)

Impreso en España / Printed in Spain

Biografía

Alberto Moreno Vega realizó sus estudios universitarios en la ETS de Ingenieros Agrónomos y de Montes y en la Escuela Politécnica de Córdoba, es Técnico Superior en PRL y posee varios Certificados Profesionales de Nivel 3 en la Familia Profesional Agraria. Ha escrito diversas publicaciones dedicadas al sector agroforestal y desde 2005 desarrolla su actividad profesional como empleado público en la Consejería de Agricultura, Pesca, Agua y Desarrollo Rural de la Junta de Andalucía, siendo técnico de Producción S.I.G. (Sistemas de Información Geográfica) en Agencia de Gestión Agraria y Pesquera de Andalucía (AGAPA).

Índice

Prólogo

El control de la sanidad vegetal resulta fundamental para gestionar adecuadamente los espacios y aprovechamientos forestales, que funcionan como sistemas complejos en equilibrio dinámico, el cual podría verse alterado por la presencia de ciertos agentes bióticos, tales como numerosas especies de insectos, hongos, bacterias o nematodos, cuya proliferación descontrolada puede impactar negativamente sobre la flora o vegetación del monte.

España posee una extensa y variada tipología de sistemas agroforestales, que van desde los Espacios Naturales Protegidos (Parques, Reservas, Paisajes...) hasta las zonas de producción agrícola y ganadera, como son las dehesas de alcornoques y encinas, las repoblaciones con especies leñosas de rápido crecimiento (sauces, álamos, chopos, eucaliptos...) para biomasa y los viveros de plantas, pasando por la reforestación de tierras agrícolas, los montes públicos, las explotaciones madereras de propiedad privada, etc., siendo todos ellos susceptibles a recibir distintas amenazas de plagas y enfermedades, que deberán controlarse para no sucumbir a ellas. Las variaciones climáticas, cada vez más acusadas, el aumento de la presión humana en los montes y bosques, la introducción global de distintas especies invasoras y la intensificación de los usos del suelo, han incrementado el riesgo de recibir afecciones patológicas en diversos ecosistemas agroforestales.

Entre las plagas más destacadas que afectan a las masas forestales españolas está la oruga procesionaria del pino *(Thaumetopoea pityocampa)*, un lepidóptero defoliador ampliamente distribuido entre los pinares mediterráneos y responsable de producir deshojados recurrentes en pinos, abetos y cedros. Junto a ella, el nematodo de la madera del pino *(Bursaphelenchus xylophilus)* supone una gran amenaza por su capacidad para causar una muerte rápida de los árboles. La podredumbre radical y seca de la encina y el alcornoque, una enfermedad asociada principalmente al oomiceto fitopatógeno *Phytophthora cinnamomi,* continúa devastando dehesas y montes. La lagarta peluda de la encina *(Lymantria dispar)* constituye otro ejemplo relevante de plaga lepidóptera, ya que sus larvas pueden provocar defoliaciones muy severas que debilitan la masa forestal y aumentan su vulnerabilidad frente a otros agentes patógenos.

En el caso de los pinares, existen distintos perforadores de la madera, representados por coleópteros xilófagos del género *Tomicus* o *Ips,* destacando los barrenillos del pino *(Tomicus destruens o Ips acuminatus),* cuyas larvas y escarabajos causan daños muy significativos, especialmente cuando concurren situaciones de cierto estrés hídrico o tras producirse un incendio forestal.

Otros ecosistemas agroforestales también sufren el impacto de plagas invasoras o emergentes. El picudo rojo de las palmeras *(Rhynchophorus ferrugineus),* un coleóptero de la familia de los gorgojos, ha provocado la muerte de miles de palmeras datileras *(Phoenix dactylifera)* y canarias *(Phoenix canariensis),* afectando tanto a entornos urbanos como a espacios naturales o rústicos y zonas costeras. De igual modo, la cochinilla del carmín *(Dactylopius opuntiae)* ha conseguido alterar o mermar profundamente las poblaciones de chumberas *(Opuntia ficusindica),* especialmente aquellas ubicadas en el sur y este peninsular, transformando el paisaje y afectando a especies asociadas. En zonas húmedas y de montaña, enfermedades fúngicas como el chancro del castaño, causado por el hongo ascomiceto *Cryphonectria parasitica,* han supuesto un grave deterioro de los castañares tradicionales, comprometiendo tanto su productividad como su valor sociocultural. De igual modo, la verticilosis provocada por otro hongo fitopatógeno ascomiceto *(Verticillium dahliae)* afecta sobre varias plantaciones agroforestales, incluyendo fresnos, acebuches, olivos o pistacheros, reduciendo su vitalidad y, en casos graves, causando una mortalidad masiva de árboles infectados.

Todo este conjunto de problemas fitosanitarios que se acaban de relatar indica la necesidad de abordar la sanidad forestal desde una perspectiva integradora, que considere las particularidades de cada ecosistema y los objetivos de gestión asociados a cada tipo de aprovechamiento. La elección de unas estrategias de control, que pueden ser biológicas, químicas, culturales o integradas, debe fundamentarse sobre un conocimiento riguroso del medio natural, con el fin de garantizar la sostenibilidad ambiental, evitar daños colaterales y preservar la biodiversidad y funcionalidad de los montes españoles.

La lucha biológica en el monte se ha consolidado como una herramienta clave dentro de la gestión sostenible, al estar basada en el uso de organismos vivos (insectos, hongos, bacterias, nemátodos…) para regular de manera natural a las poblaciones de fitopatógenos por debajo de unos niveles dañinos, evitando así el uso excesivo de productos agroquímicos y favoreciendo la resiliencia ecológica de los ecosistemas forestales. En la Península Ibérica destaca, por ejemplo, el uso de *Bacillus thuringiensis* para el control de la procesionaria del pino, especialmente sobre masas de *Pinus nigra, P. sylvestris* y *P. pinaster,* donde dicha bacteria reduce significativamente la defoliación sin alterar a otros organismos del bosque. Respecto a las enfermedades, existen hongos antagonistas que se han utilizado para limitar la propagación de otros fitopatógenos, tales como *Phlebiopsis gigantea* para controlar a *Heterobasidion annosum* en repoblaciones de pinares ibéricos, reduciendo así la mortalidad por pudriciones de raíz. Otro ejemplo por destacar es el empleo de nematodos entomopatógenos para combatir larvas xilófagas, como es el caso de *Steinernema carpocapsae* contra *Tomicus destruens* en pinares mediterráneos incendiados o afectados por una sequía prolongada. Finalmente, cabe mencionar a *Coccinella septempunctata,* conocida popularmente como mariquita de siete puntos, un coleóptero entomófago y voraz depredador de numerosas especies de pulgones, tanto de larvas como adultos que afectan a numerosos cultivos hortícolas, frutales y ornamentales, contribuyendo así a mantener el equilibrio fitopatógeno.

 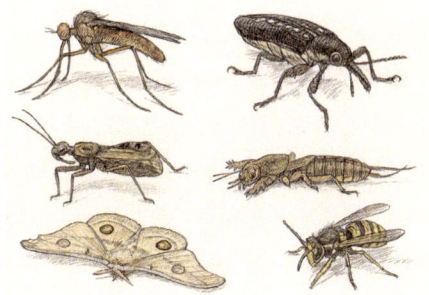

Todos estos ejemplos muestran cómo la lucha biológica puede integrarse con éxito en los programas de gestión forestal para el control de plagas y enfermedades, evitando así el uso de pesticidas de amplio espectro y proporcionando soluciones eficaces y compatibles con la conservación de la biodiversidad y los principios de una silvicultura sostenible y resiliente.

Bajo este contexto, la presente publicación, ahora en su segunda edición revisada y actualizada, propone analizar y describir, de una manera detallada, clara y concisa, las principales plagas y enfermedades forestales que afectan a los distintos tipos de montes y formaciones vegetales leñosas en la España peninsular e insular, así como los métodos de gestión y control más adecuados para cada tipo de situación, con el fin de contribuir a una visión más completa y renovada de la sanidad forestal española.

Alberto Moreno Vega

1. Agentes causantes de daños a las plantas

Introducción

Los agentes patógenos que causan enfermedades tanto a las plantas cultivadas como silvestres, ya sean herbáceas, arbustivas o arbóreas, en el medio agrícola o forestal, pueden ser bióticos (virus, viroides, micoplasmas, bacterias, hongos u otras plantas parásitas) o abióticos, originados estos últimos por agentes naturales (vientos, temperaturas extremas, falta o exceso de luz o de humedad, concentraciones inadecuadas de algunos elementos químicos en el suelo y algunas otras causas) o bien debidos a las acciones o actividades humanas directas (podas, accidentes, vandalismo, incendios provocados, deforestación artificial o realización de labores inadecuadas, etc.) e indirectas (por ejemplo, como consecuencia de tratamientos con fungicidas u otros casos de contaminación ambiental). Diferentes invertebrados (principalmente insectos, pero también ácaros y otras especies animales) actúan como parásitos de los árboles y forman plagas cuando eluden los mecanismos naturales que controlan sus poblaciones. Ningún agente suele presentarse independientemente, por lo que tampoco ha de considerarse su estudio y tratamiento de un modo aislado. En el medio forestal debe haber un adecuado equilibrio entre todos ellos, de manera que la desaparición total de alguno se traducirá en daños directos o indirectos a las masas arboladas. Este primer capítulo estudiará los agentes que causan daños a las plantas forestales.

Contenidos

El estudio de la sanidad vegetal engloba todas las plagas y enfermedades fisiológicas y parasitarias de las plantas, ya sean agrícolas, forestales u ornamentales (parques y jardines). El ámbito de la patología vegetal se considera reducido exclusivamente al estudio de las enfermedades de las plantas causadas por virus, bacterias, hongos y nematodos. Las plagas animales forman el dominio de la entomología vegetal.

Un agroecosistema es una comunidad artificial que se ubica en un área geográfica definida por interacciones dinámicas (nutrientes y energía) entre factores bióticos y abióticos. Cotejado con un ecosistema natural, se caracteriza por presentar una composición mucho más simple respecto a las especies que lo habitan y a los flujos energéticos.

La baja competencia entre las especies vegetales pertenecientes a una misma población agrícola o forestal termina produciendo ciertos desequilibrios, los cuales pueden dar lugar a la proliferación de plagas y/o enfermedades que dañan a los cultivos agroforestales. Los agricultores deben intentar mantener el equilibrio de su agroecosistema para optar por un hábitat lo más natural posible y que a su vez permita el buen desarrollo de las plantas cultivadas, esto es, aplicando tratamientos de nutrición y sanidad vegetal que sean eficaces y lo menos agresivos posible con el medio ambiente.

La sanidad vegetal se define como el conjunto de técnicas que permiten mantener las plantas y sus productos derivados, libres de agentes perjudiciales o bajo niveles que no produzcan perjuicios económicos, no afecten a la salud humana o animal y no restrinjan su comercialización. Son cinco los principales factores que han contribuido al incremento de daños en las plantas cultivadas:

- Monocultivos, es decir, formado por una sola especie o variedad vegetal en grandes explotaciones agrícolas (olivar, frutales de cáscara, etcétera).

- Utilización de variedades mejoradas en rendimiento y calidad.

- Técnicas de cultivo que favorecen el desarrollo de ciertos agentes perjudiciales para las plantas.

- Una mayor dispersión de plagas y enfermedades (ámbito mundial).

- Uso no sostenible de tratamientos fitosanitarios.

Según el origen del agente causante, se distinguen dos tipos de factores:

- Bióticos: formados por distintos grupos de seres vivos (reinos):

  — Animales: vertebrados (mamíferos y aves), moluscos (caracoles, babosas...), artrópodos (ácaros e insectos) y nematodos.

- — Vegetales: plantas parásitas y adventicias.

- — Hongos patógenos.

- — Bacterias y fitoplasmas.

- — Virus y viroides.

- Abióticos: a veces, las alteraciones vegetales pueden ser causadas por el propio medio ambiente que les permite desarrollarse, como son:

  - — Condiciones meteorológicas y valores climáticos ambientales: temperatura, humedad, iluminación, viento, etcétera.

  - — Condiciones edáficas: encharcamientos (falta de O_2), humedad, aireación, pH, salinidad, sequías, textura, estructura, etcétera.

  - — Condiciones químicas: nutrientes disponibles, intercambios minerales...

  - — Efectos tóxicos: debido al abonado y a los tratamientos fitosanitarios, contaminación atmosférica, metales pesados, etcétera.

  - — Prácticas culturales: cuando se realizan de forma inadecuada pueden provocar alteraciones negativas en el desarrollo de las plantas.

1.1. Anatomía y fisiología vegetal de las especies leñosas

Las plantas vasculares que producen semillas, denominadas espermatofitas, están formadas por órganos vegetativos: raíz, tallo y hojas, que forman el cormo típico, y por órganos reproductivos: portadores de semillas y frutos. Las espermatofitas comprenden las gimnospermas y las angiospermas. En la primera división botánica se incluyen las coníferas, como los pinos, cipreses, tejos, etc., la especie única *Ginkgo biloba*, las cicadales (*Cicas revoluta*, muy apreciada como planta ornamental) y las gnetales, todas ellas caracterizadas por presentar semillas al descubierto en las escamas de los conos femeninos, que toman el nombre de «piñas con piñones» cuando se trata de un pino. Las angiospermas, por el contrario, forman semillas encerradas en el ovario de una flor verdadera, de tal forma que, cuando aquellas maduran, lo hacen protegidas dentro de un fruto, que puede ser carnoso (tomate) o seco (nuez). Las plantas con flores abarcan, a su vez, a las dicotiledóneas (alcornoque, algarrobo, encina, haya, roble...) y monocotiledóneas (palmeras, palmito, drago, gramíneas...).

Las especies vegetales pueden presentar diversas adaptaciones respondiendo al conjunto de características que tiene un determinado ambiente, como por ejemplo, aquellas ubicadas en regiones con sequías muy prolongadas y lluvias escasas e irregulares reflejan tal circunstancia en su anatomía, morfología y fisiología: engrosamientos del tallo (cactus), las hojas (aloe vera) o las raíces.

La raíz es el órgano vegetal encargado de anclar la planta en el suelo y absorber sustancias imprescindibles para poder vivir, destacando el agua y los nutrientes minerales. Durante su crecimiento y diferenciación, las raíces pasan por cambios anatómicos que afectan a la permeabilidad frente al agua y los nutrientes minerales. En un corte longitudinal de una raíz primaria hay cuatro zonas: cofia, meristemo apical, zona de alargamiento y zona de diferenciación. El crecimiento primario de la raíz se debe a la división y al alargamiento celular, siendo este último responsable de su incremento en longitud. Cuando cesa este crecimiento celular se inicia la diferenciación y, con ella, surgen la epidermis, la corteza y el cilindro central (estela), que constituyen la sección transversal de la estructura primaria, formada esta por varios tejidos:

- Parénquima cortical: encargado de almacenar sustancias de reserva.

- Haces vasculares: agrupados en xilema (céntrico), indispensable para subir el agua y los nutrientes minerales hacia las hojas, y floema, destinado a transportar los azúcares elaborados por aquellas hasta la raíz.

- Parénquima medular: compuesto por varias capas celulares ubicadas en el interior del cilindro central.

En todas las espermatofitas leñosas, aparecen unos meristemos remanentes por la cara interior del parénquima cortical: el cámbium y el felógeno, responsables del crecimiento secundario de aquellas raíces que deben engrosar tras el primer año de vida. Forman un estrato celular denominado periciclo, que rodea los haces vasculares y del cual surgen las ramificaciones de la raíz.

El tallo es el órgano vegetal que lleva insertadas las hojas y partes reproductoras, estando especializado en las funciones de transporte de sustancias (agua, nutrientes minerales y compuestos azucarados elaborados por la propia planta), cuya estructura le sirve además como elemento resistente frente a las acciones exteriores (viento, animales, etc.). Anatómicamente, puede presentarse formando un solo vástago, o bien con ramas, en cuyo último caso, de acuerdo al modo como se originan y el aspecto que toman, dan lugar a los diferentes tipos de ramificación.

Un tallo ramificado suele presentarse normalmente dividido por nudos, que son los lugares donde se hallan insertadas las hojas, y entrenudos, los espacios entre nudos contiguos. Además de las hojas, en el tallo (y sus ramas) pueden situarse también las yemas, que son estructuras encargadas de mantener su crecimiento y producir los elementos foliares y la ramificación.

Los tejidos que forman el tallo pueden derivar exclusivamente de los meristemos apicales, en cuyo caso se dice que tiene una estructura primaria, como pasa en las plantas monocotiledóneas. Pero si, además de dicha estructura, el tallo presenta otros tejidos que provienen de los meristemos laterales (cámbium y felógeno), puede hablarse de una estructura secundaria, típico de las gimnospermas y la mayoría de las dicotiledóneas leñosas.

La estructura primaria de un tallo se compone de tres regiones que, desde su perímetro al interior, son: la epidermis o tejido protector; la corteza primaria, parénquima con o sin función asimiladora de nutrientes, a veces también por colénquima, esclerénquima o ambos, con una función mecánica, y el cilindro vascular central, constituido por los tejidos conductores: los vasos que forman el floema y el xilema primarios.

La estructura secundaria se debe a los meristemos laterales: cámbium vascular y felógeno. El primero actúa exteriormente al cilindro vascular primario y el segundo se sitúa por el interior de la corteza primaria. Dichos meristemos dan lugar a nuevas células en sentido radial que hacen engrosar al tallo. Cuando actúa el cámbium vascular, se origina floema secundario y células parenquimatosas (radios vasculares) hacia el exterior, y xilema secundario y radios vasculares hacia la médula. El felógeno produce hacia el interior células parenquimatosas y corcho (súber) hacia la epidermis. El conjunto de todas estas capas (corcho, células parenquimatosas y felógeno) constituye la peridermis, que ofrece protección exterior al tallo cuando se desgarra su epidermis cuando, por ejemplo, engrosa el mismo.

Las plantas leñosas poseen un sistema vascular que transporta fluidos, productos químicos y nutrientes dentro de su cuerpo. Para ello, han desarrollado dos tipos de tejidos conductores:

a. Xilema o leño: transporte ascendente de agua y compuestos minerales desde la raíz hacia las partes aéreas (tallo y hojas). Conduce la savia bruta, formada por agua y sales minerales, a través de los tubos leñosos, los cuales quedan formados por células muertas.

b. Floema o líber: transporta materia orgánica elaborada en las partes verdes, normalmente las hojas, a los distintos órganos vegetales (raíz). A través de los vasos que forman el floema, constituido por células vivas y alargadas, la savia elaborada por la planta se conduce desde la parte aérea hasta el sistema radicular.

La evaporación de moléculas de agua en la superficie de las hojas a nivel de los estomas genera la fuerza necesaria que hace ascender a las mismas por el xilema. Lo impresionante de dicho mecanismo es que no necesita energía biológica: el agua, hasta en los mayores árboles, asciende simplemente usando la energía solar necesaria para producir la transpiración (elimina vapor de agua). Los vegetales fabrican azúcar por fotosíntesis, generalmente gracias a las hojas. Algo de azúcar es usado directamente por el metabolismo de la propia planta, parte para sintetizar proteínas o lípidos y el resto se almacena como almidón. Otras zonas de la planta que, como las raíces, no son fotosintéticas, necesitan también recibir energía. El alimento, pues, debe transportarse a todo el tejido vegetal, cuya función es realizada por el floema (vasos conductores).

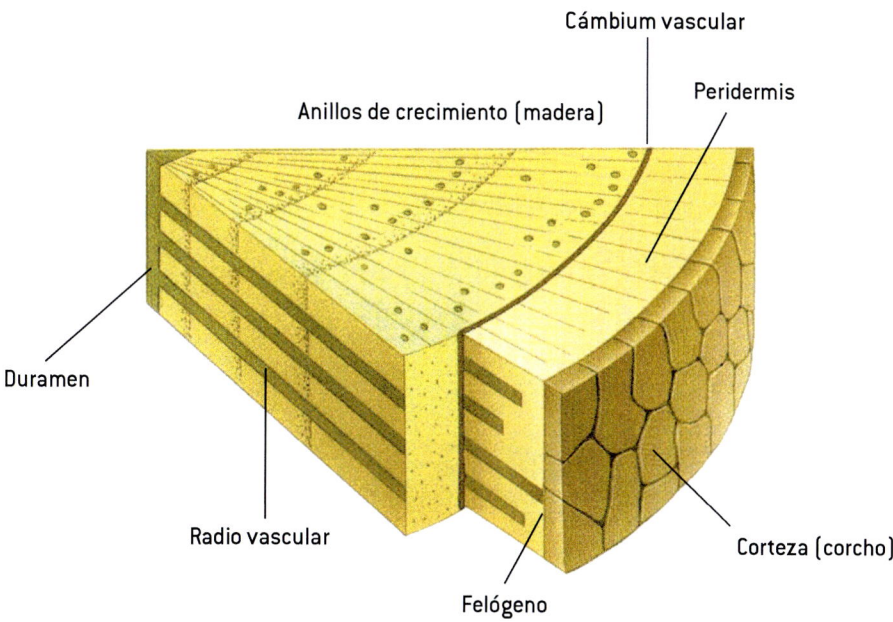

Figura 1.1. Estructura secundaria de un tallo leñoso.

La madera de las raíces, el tronco y las ramas de las espermatofitas leñosas, está formada por el xilema, que, lejos de tratarse de una unidad homogénea, se halla compuesto por un conjunto de células morfológicamente muy diferentes, cuya organización varía de unas especies arbóreas a otras, especialmente si se trata de coníferas y frondosas. En la sección transversal de cualquier tronco leñoso, se distinguen, a simple vista, diversas estructuras: la zona central o duramen, a cuyo alrededor se van originando, progresivamente, los anillos de crecimiento, formados estos por madera temprana o de primavera y madera tardía o de verano, cuyo conjunto anular es denominado albura, que normalmente adopta un color más claro con respecto al que toma el duramen.

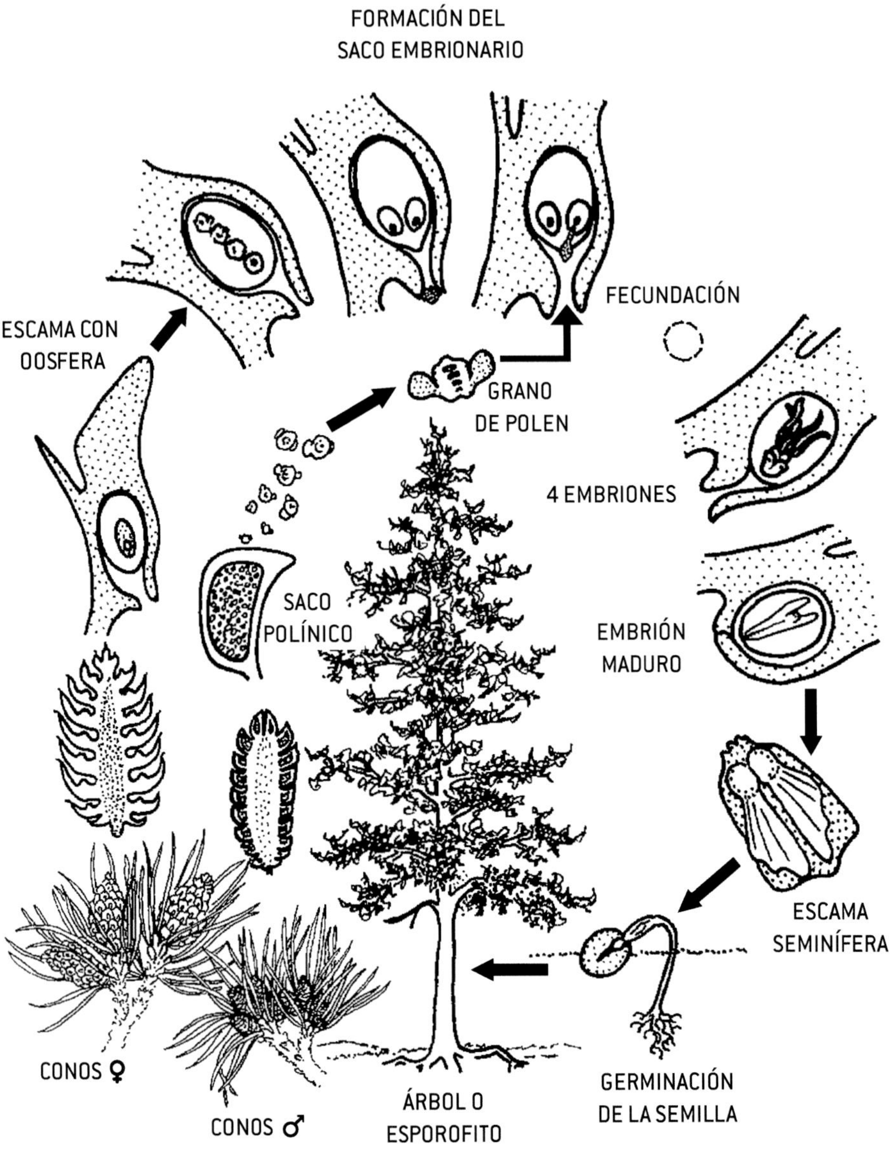

FORMACIÓN DEL
SACO EMBRIONARIO

FECUNDACIÓN

ESCAMA CON
OOSFERA

GRANO
DE POLEN

4 EMBRIONES

SACO
POLÍNICO

EMBRIÓN
MADURO

ESCAMA
SEMINÍFERA

CONOS ♀

CONOS ♂

ÁRBOL O
ESPOROFITO

GERMINACIÓN
DE LA SEMILLA

Figura 1.2. Ciclo vital de una gimnosperma: secuoyas, pinos, cedros, alerces, abetos, cipreses, enebros, cicas, araucarias, taxáceas, etcétera.

Figura 1.3. Lámina botánica de pino silvestre *(Pinus sylvestris)*.

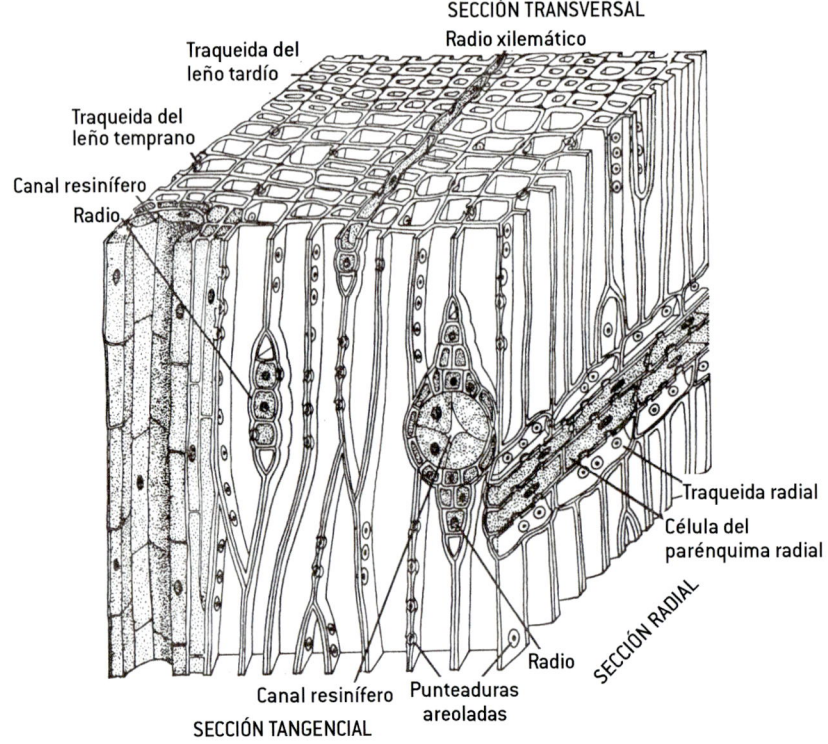

SECCIÓN TRANSVERSAL
Radio xilemático
Traqueida del leño tardío
Traqueida del leño temprano
Canal resinífero
Radio
Traqueida radial
Célula del parénquima radial
SECCIÓN RADIAL
Radio
Canal resinífero
Punteaduras areoladas
SECCIÓN TANGENCIAL

Figuras 1.4-1.5. Madera de coníferas (pino).

Figura 1.6. Lámina botánica de roble común *(Quercus robur)*.

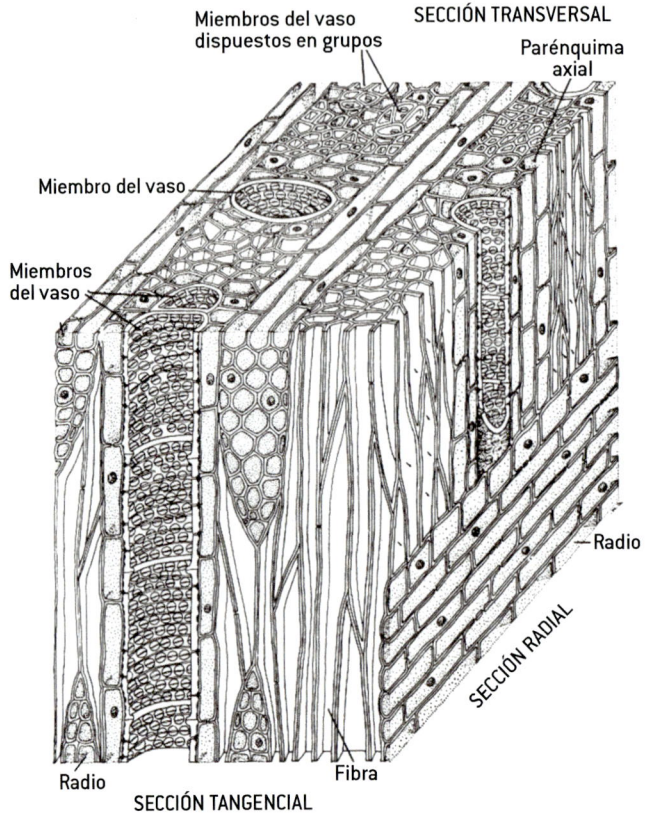

Miembros del vaso
dispuestos en grupos

SECCIÓN TRANSVERSAL

Parénquima
axial

Miembro del vaso

Miembros
del vaso

Radio

SECCIÓN RADIAL

Radio

Fibra

SECCIÓN TANGENCIAL

Figuras 1.7-1.8. Madera de frondosas (cerezo).

Figura 1.9. Pinar de gran altura (US Forest Service).

El crecimiento y desarrollo de un árbol se produce por la integración de una serie de procesos físicos y bioquímicos básicos (absorción de agua y elementos minerales por la raíz, fotosíntesis en las hojas, etc.) por los que la planta fabrica sus propios productos vegetales. Para ello, sigue las «normas» que le impone su herencia genética, más o menos modificadas por las condiciones ambientales. Los cloroplastos de las células foliares representan las factorías que producen los primeros hidratos de carbono a partir de agua, nutrientes minerales, dióxido de carbono y energía solar (fotosíntesis). Los productos orgánicos formados en las hojas van hacia otras partes de la planta, donde sufren transformaciones bioquímicas para producir compuestos funcionales (celulosa y lignina de las paredes celulares) o metabólicos (proteínas, grasas..., para la nutrición de la planta). El proceso de crecimiento vegetal depende, por un lado, de los productos orgánicos que forma la fotosíntesis, a su vez relacionada con los elementos minerales y el agua suministrados por la raíz para llevar a cabo esta función, tras lo cual, de otra parte, se originan los nuevos orgánulos y compuestos celulares. Todo este proceso está bajo un control genético, fundamentalmente regulado por las hormonas vegetales.

1.2. Las plagas. Métodos de control. Medios de defensa fitosanitarios

Grosso modo, una plaga es cualquier agente biótico que interfiere de forma perjudicial, y con carácter agresivo, en el normal desarrollo de un cultivo agrícola, sobre todo con respecto a lo económico (pérdidas). Por su importancia en agronomía, destacan los insectos y los ácaros.

1.2.1. Fauna perjudicial y beneficiosa

Se puede afirmar que toda la fauna silvestre que habita en un agroecosistema es beneficiosa o al menos no es perjudicial, siempre que se mantenga un equilibrio natural. Cuando existe un equilibro entre las presas y los predadores apenas es perceptible su presencia en un cultivo agrícola o en un jardín y los daños que provocan los consumidores de plantas no serán apreciables, algunas plantas mordisqueadas por las orugas o los pulgones. Pero en ocasiones el equilibrio comentado se rompe y se produce una plaga.

El grupo zoológico que más daños causa en agricultura es el de los insectos, pero entre sus numerosas especies hay otras muchas que combaten eficazmente a las formadoras de plagas vegetales. En general, son especies muy voraces, tales como las mantis, libélulas o mariquitas, cuyas poblaciones podrían servir para mitigar una plaga de un insecto fitófago.

1.2.2. Insectos

La clase Insecta se caracteriza por agrupar animales invertebrados con un cuerpo dividido en tres partes: cabeza, tórax y abdomen. La mayoría de las especies que la forman son de vida terrestre. Según la morfología de la boca que determina su régimen alimenticio, se clasifican en:

a) Masticadores: aquellos que tienen dos mandíbulas, dos maxilares y un labio como piezas de la boca, que sirven para palpar, romper, masticar o triturar las plantas que le sirven de alimento. Por ejemplo, los saltamontes, escarabajos y orugas de mariposas.

b) Chupadores: aquellos cuyas piezas bucales se adaptan formando una especie de pico que les sirve para perforar la epidermis de las plantas, succionando así la savia. Por ejemplo, los pulgones, trips y dípteros (moscas). Este grupo constituye la mayoría de los insectos plaga.

c) Lamedores: aquellos donde la boca es una lengüeta que raspa y succiona los jugos. Por ejemplo, las abejas.

Figura 1.10. Fauna beneficiosa: mantis religiosa.

Figura 1.11. Fauna beneficiosa: mariquita.

Figura 1.12. Fauna perjudicial: cochinillas algodonosas.

Figura 1.13. Fauna perjudicial: pulgones.

Los insectos presentan un gran potencial de multiplicación, siendo la vía más común la reproducción sexual y ovípara, aunque hay algunas especies que la realizan sin intervención del macho (partenogénesis).

Se define la metamorfosis como el conjunto de transformaciones que sufre un insecto y que dan lugar a distintos estados o fases de su vida: huevo, larva, pupa y adulto. Se distinguen dos tipos: completa, donde los adultos varían totalmente de las larvas (escarabajo de la patata), e incompleta, cuando las larvas presentan algún parecido con los adultos (pulgones, cochinillas...). A la hora de fijar estrategias de control, es importante comprender el desarrollo de los insectos, ya que pueden dar una o varias generaciones al año. La temperatura es un factor determinante para la duración de cada estado que desarrolla el insecto, así como el número de generaciones que presentará en un año natural.

1.2.3. Ácaros

Son artrópodos de pequeño tamaño (0,1-10 mm), que se diferencian claramente de los insectos por no ser alados. El cuerpo de un ácaro queda dividido en dos partes: cefalotórax y abdomen. Según sus hábitos alimentarios, hay ácaros saprófagos, fitófagos, depredadores, parásitos, etc. Desde un punto de vista agronómico, interesan los ácaros fitófagos, que producen daños a diferentes partes u órganos de las plantas, y los ácaros depredadores, que se alimentan de aquellos u otras plagas y son responsables del equilibrio ecológico.

Su reproducción puede ser sexual o asexual (partenogénesis) y son ovíparos (la mayoría) o vivíparos. De los huevos nacen las larvas, las cuales, por mudas sucesivas, dan lugar a dos o tres estados ninfales antes de llegar al adulto.

El número de generaciones al año suele ser elevado, por lo que su poder de multiplicación es muy grande. La duración de un ciclo biológico viene muy marcada por las condiciones climáticas.

1.2.4. Nematodos

Los nematodos están formados por pequeños organismos de aspecto semejante a los gusanos y que habitan en el interior de las raíces o en el suelo. Se propagan sobre materia vegetal (restos de cosecha o reproducción asexual), aperos y herramientas, etc. Los nematodos representan a los organismos multicelulares más numerosos en los agroecosistemas, donde se hallan, habitualmente, a una densidad superior a treinta millones por metro cuadrado. Se han detectado habitando cualquier nicho que pueda formar el suelo, la vegetación u otras biotas.

Figura 1.14. *Tetranychus urticae,* ácaro plaga de plantas, conocido como araña roja.

Figura 1.15. Nematodos parásitos de plantas: pintura emulando su alimentación en la rizosfera *(Science: A picture History).*

Algunas especies de nematodos atacan y parasitan, además de a las plantas, a los animales, incluido el ser humano, y pueden causar distintas enfermedades. El resto, según sus hábitos alimentarios pueden ser clasificados en varios grupos tróficos: omnívoros depredadores, parásitos de plantas y saprofitos. Aunque todos ellos pueden ejercer cierto impacto sobre la producción agrícola, los nematodos fitoparásitos forman el grupo más importante por su acción patogénica. Las pérdidas de cosechas anuales debidas a nematodos parásitos de plantas en la producción agrícola mundial se ha estimado superior al diez por ciento, lo cual representa unas pérdidas económicas anuales muy elevadas.

El ciclo vital de la mayoría de los nematodos patógenos de plantas tiene lugar en el suelo. Muchos viven libremente allí, alimentándose superficialmente de las raíces y tallos que alberga el subsuelo, pero incluso en los parásitos especializados y sedentarios, los huevos, las edades juveniles preparasíticas y los machos están en el suelo durante toda o parte de su vida. La temperatura edáfica, el grado de humedad y de aireación influyen sobre la movilidad y supervivencia de los nematodos en el suelo, que se muestran más abundantes entre los 15 y 30 cm de profundidad. La distribución de los nematodos en suelos cultivados es usualmente irregular y es mayor alrededor de las raíces de las plantas que, a veces, alcanzan profundidades considerables (30-150 cm o más). La concentración superior de nematodos en la región radicular se debe primariamente a su mayor tasa de reproducción por la disponibilidad continua de alimento y también a un proceso de atracción de los nematodos por sustancias liberadas en esta zona.

La dispersión edáfica de los nematodos por sus propios medios es lenta y muy limitada, de tal forma que su distancia máxima cubierta no exceda de unos pocos metros por estación. Dentro del suelo se mueven más rápidamente cuando los poros están recubiertos por una fina película de agua, cuyo espesor es de pocos milímetros, que cuando el mismo está totalmente saturado de agua. Por otro lado, además de por su propio movimiento, los nematodos pueden dispersarse también fácilmente por cualquier otro medio que se mueva y pueda transportar las partículas de suelo.

En los ecosistemas agrícolas y forestales, la maquinaria, la irrigación, las aguas de drenaje o las inundaciones, los animales y las tormentas de polvo dispersan a los nematodos por áreas locales, mientras que a grandes distancias los nematodos utilizan los productos de las explotaciones agrícolas y las plantas de vivero como medio de dispersión primaria.

Figura 1.16. Nido de procesionaria en pino.

Figura 1.17-1.18. Picudo rojo (izq.) y termitas de la madera (dcha.).

Figura 1.19. Cortapalos *(Oncideres* spp.*)*.

Figura 1.20. Toma de muestras de insectos plaga.

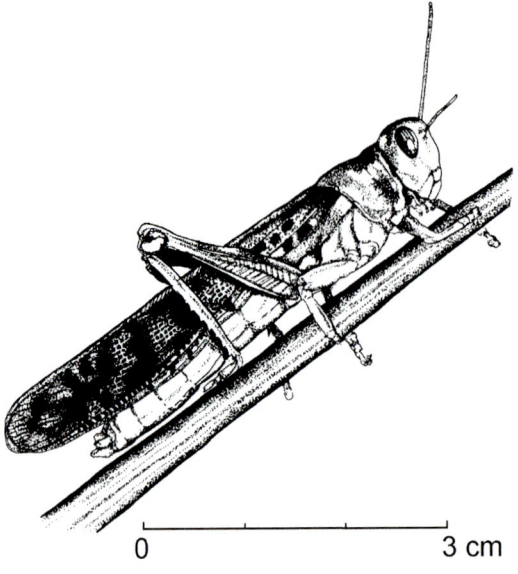

0   3 cm

Figuras 1.21. Langosta.

Figuras 1.22. Mosca.

Figura 1.23. Insectos forestales.

1.2.5. Daños causados por plagas

Los principales tipos de daños que pueden producir los insectos y ácaros en agricultura pueden ser directos o indirectos:

Directos

Son los producidos por el propio alimento de los artrópodos. Aquí se incluyen los que se alimentan masticando y aquellos que succionan o chupan contenidos celulares y los fluidos de las plantas (savia).

Estas vías de alimentación se pueden producir en la parte aérea (hojas, tallos, flores) o subterránea (raíces, tubérculos) de las plantas, en el interior o exterior de las mismas, en productos vegetales almacenados, etc. Los daños más frecuentes tienen lugar en las hojas, mientras que los de mayor gravedad se dan en frutos y semillas.

Indirectos

- Inyección de sustancias tóxicas: ocurre, sobre todo, en aquellos artrópodos que succionan de la planta; generalmente, alteran, con más o menos gravedad, el crecimiento y desarrollo de las plantas.

- Transporte y diseminación de organismos nocivos: este daño indirecto puede llegar a ser tan importante o más que el producido cuando se alimenta de la planta, ya que los artrópodos pueden ser vectores de varios tipos de agentes patógenos, como virus, hongos o bacterias.

- Deposiciones: excrementos, melazas, restos de mudas, etcétera.

- Debilitamiento de la planta: el ataque alimenticio de algunos insectos y ácaros puede dejarla debilitada, ya que para ello suelen realizar galerías, túneles... que afectan al tronco, tallos, ramas y raíces.

- Ovoposición: lo producen las hembras, normalmente de insectos, aunque también de otros artrópodos, al depositar sus huevos.

1.2.6. Umbral económico de daño y umbral económico

El umbral económico de daño (UED) es la densidad mínima de fitófagos que causa una pérdida económica en la cosecha, cuyo valor es al menos igual a la medida de control. Si se supera dicho umbral, es decir, una concentración mínima de plaga, el daño producido sobrepasa la medida de control.

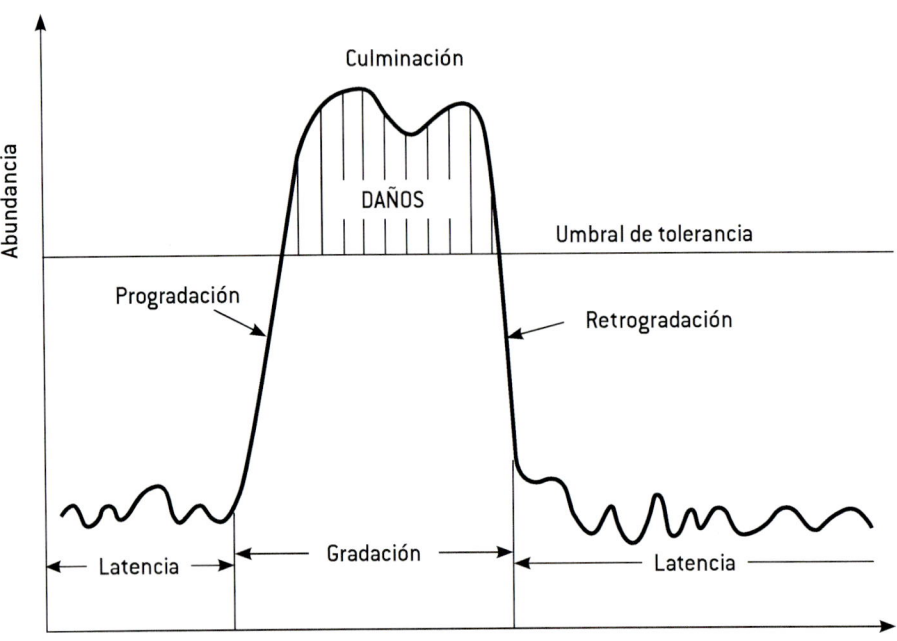

Figura 1.24. Variaciones de abundancia de un insecto y umbral de tolerancia.

Figura 1.25. Insecto encima de una rama.

Cuando se invierte dinero en tomar medidas de control se va recuperando el valor de la cosecha, que como mínimo iguala, y generalmente supera, el propio coste de la medida. Por lo tanto, para el agricultor sería económicamente rentable aplicarla.

Relacionado con el anterior (UED) está el umbral económico (UE) o umbral de tratamiento. No se puede permitir que las poblaciones de plagas lleguen al UED, puesto que desde que se decide aplicar una medida de control hasta que se hace realidad, puede transcurrir un cierto tiempo y con él aumentarían los daños al cultivo.

Para solucionar esto suele tomarse otro nivel más bajo de umbral, normalmente un porcentaje inferior con respecto al UED, para que cuando las plagas alcancen dicho valor se tome la decisión de tratar. Además del criterio económico antes expuesto, se suele definir también el nivel o umbral de plaga que se desea tratar, es decir, el umbral de tratamiento, por una cuantía igual a los daños ocasionados al cultivo.

1.2.7. Métodos de control

A la hora de introducir la mejor estrategia de sanidad vegetal, hay que analizar todos los métodos existentes, intentando reducir la presión de los tratamientos químicos para limitar así el impacto negativo sobre la naturaleza, reducir el riesgo laboral en los aplicadores y garantizar la seguridad alimentaria.

Métodos indirectos

Los que permiten luchar contra las plagas y enfermedades y los problemas que originan, aplicando medidas que, generalmente, no atacan directamente al agente causal, y muchas veces tienen un carácter preventivo.

a) *Legislativos:*

Destacan las leyes aplicadas al control de plagas, las estaciones de aviso agrícola, expediciones de certificados y pasaportes fitosanitarios, el establecimiento de cuarentenas junto a las fronteras o la legislación sobre campañas dedicadas a erradicar ciertas plagas o tratamientos obligados en algunos cultivos.

b) *Genéticos:*

Otra forma de luchar contra las plagas y enfermedades pasa por la obtención de variedades resistentes y tolerantes, o la utilización de portainjertos resistentes. Dicho método ha experimentado un gran impulso gracias a la ingeniería genética para introducir genes en las plantas cultivadas, a veces de otras especies diferentes, que les confieren propiedades distintas. Por ejemplo, la introducción de los genes que codifican una proteína tóxica para muchas larvas de lepidópteros, producida por la bacteria *Bacillus thuringiensis*, en las células de varias plantas agrícolas: maíz, algodón, soja, patata, etcétera.

c) Culturales

Un método importante de combatir a los fitopatógenos es mediante prácticas culturales adecuadas, que suelen ser poco dañinas con el entorno, utilizadas principalmente como medidas preventivas. Pueden destacarse varias: laboreo del suelo, densidad y época de siembra, elección de variedades adecuadas, un abonado correcto y no desequilibrado, época de recolección, destruir los restos del cultivo, quema o triturado de los restos de poda, eliminación de plantas adventicias, empleo de plantas cebo, aplicación de riego, rotación de cultivos, limpieza de aperos y herramientas, etcétera.

Métodos directos

Aquellos que se aplican para controlar la presencia de agentes nocivos, actuando directamente sobre ellos.

a) *Químicos:*

Aplicar productos químicos, generalmente de síntesis, es el método de control directo más habitual y extendido en agricultura. Son casi siempre productos de síntesis orgánica, con muy diferentes grupos en función de su aplicación (insecticidas, fungicidas, etc.). Existen agroquímicos tan específicos que interfieren sobre los procesos de muda y metamorfosis de los insectos y ácaros (ovicidas, larvicidas y adulticidas), además de otros productos inorgánicos.

b) *Biológicos:*

Un método alternativo al anterior es emplear medios biológicos, como el tratamiento biológico de las plagas, con el cual se usan artrópodos autóctonos o foráneos (normalmente parasitoides y depredadores) para reducir las poblaciones plaga, de forma que no alcancen el umbral económico de daño. Un segundo método es el control microbiano, que aplica virus, bacterias, hongos, nematodos, o bien utiliza sus productos, para producir diversas enfermedades y toxemias en las plagas, disminuyendo así su número, pero respetando normalmente a otros agentes de control biológico.

c) *Físicos:*

En cuanto a los métodos físicos de control, se pueden separar entre medidas físicas y medidas mecánicas. Las primeras tratan de alterar las propiedades físicas del medio donde actúan las plagas para erradicarlas, disminuir su población o dificultar su desarrollo, siendo las más destacadas la solarización, el vapor de agua, la desecación de granos, aplicación de radiaciones para esterilizar insectos (lucha autocida) o determinados productos agrícolas, ultrasonidos, etc. Por otro lado, entre las medidas mecánicas están el uso de barreras en los cultivos (mallas, acolchados), la utilización de trampas, etcétera.

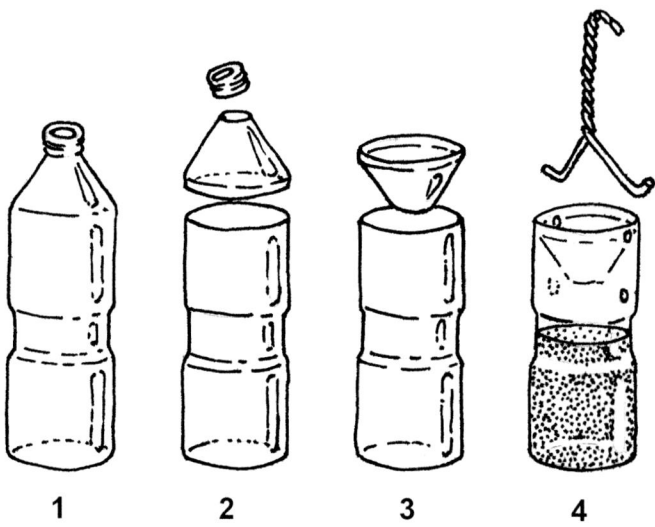

Figura 1.26. Trampa ecológica para insectos: pasos para su elaboración.

1.2.8. Medios de defensa fitosanitarios

Los medios de defensa son aquellos productos, organismos, equipos, maquinaria de aplicación, dispositivos y elementos destinados a controlar los organismos nocivos para las plantas, evitando sus efectos negativos o incidiendo sobre los procesos vegetales de forma diferente a como lo hacen los nutrientes.

El control fitosanitario a través de productos químicos resulta cada vez más complicado, debido a que surgen otras nuevas plagas y enfermedades, las ya existentes desarrollan alguna resistencia, se contaminan los alimentos, etcétera.

Hoy en día, la exigencia de los consumidores de reducir las aplicaciones de agroquímicos es cada vez más notable, lo que ha ocasionado una evolución en los medios de lucha, los cuales van orientados hacia una agricultura más respetuosa con el medio ambiente y la garantía sanitaria de sus productos vegetales.

Lucha química tradicional

Se basa en la utilización indiscriminada de los fitosanitarios más eficaces con un calendario fijo y preestablecido, independientemente de que haya o no plaga. Este sistema plantea importantes inconvenientes, tales como la falta de actuación racional, el surgimiento de nuevas plagas y enfermedades, así como de resistencias, residuos, etcétera.

Lucha química aconsejada

Se basa en una utilización reflexiva de los productos fitosanitarios cuando lo diagnostique un servicio oficial de avisos, indicando el momento de aplicación más adecuado, los productos químicos recomendados, las precauciones que se deben considerar, etc. Presenta el inconveniente de que se trata de avisos generales para una zona muy amplia y no todas las parcelas agrícolas presentarán los mismos problemas fitosanitarios.

Lucha dirigida

La lucha dirigida supone un mayor grado de nacionalización en el uso de fitosanitarios, donde los agricultores recurren a un técnico que les asesora en la parcela. Se caracteriza por introducir el concepto de nivel de tolerancia, usar fitosanitarios menos dañinos para el medio ambiente y proteger los organismos auxiliares existentes.

Lucha integrada

Aplicación racional formada por una combinación de medidas biológicas, biotecnológicas, químicas, de cultivo y de selección vegetal, de modo que las aplicaciones de productos fitosanitarios queden limitadas al mínimo necesario para el control de las plagas.

La lucha integrada se ubica dentro de la estructura productiva llamada «producción integrada», la cual surge ante la obligación de usar métodos alternativos de cultivo que garanticen la conservación de la naturaleza y respondan al aumento de la sensibilidad medioambiental generado por la sociedad y al cambio en el concepto de calidad agroalimentaria.

Lucha ecológica

Este método recurre a la fauna que resulta ser enemiga natural de algunas plagas de animales y utiliza productos fitosanitarios naturales, no de síntesis química, con el objetivo de reducir, o incluso llegar a combatir por completo, los ataques que afectan a una plantación determinada. La lucha biológica pertenece a la estructura productiva que toma el nombre de «agricultura ecológica», y se basa en crear un agroecosistema con el objetivo de obtener alimentos de máxima calidad, respetando el medio ambiente y conservando la fertilidad en las tierras de cultivo, mediante la utilización óptima de los recursos naturales y sin el empleo de productos químicos de síntesis, procurando así un desarrollo agrario sostenible.

1.2.9. Principales plagas agroforestales en España

Desde un enfoque agroforestal, destacan en España una serie de órdenes de insectos por tener muchas especies dañinas para las plantas: lepidópteros, hemípteros, coleópteros, dípteros y ortópteros; los tres primeros suponen el mayor número de plagas. Entre las especies que forman plagas en los cultivos agrícolas y en las masas forestales, podrían citarse a estas:

- Ortópteros: conocidos popularmente como grillos o saltamontes, que se caracterizan por tener aparato bucal masticador, patas posteriores adaptadas al salto y unas alas posteriores endurecidas que protegen las anteriores y que son membranosas y están plegadas en forma de abanico. Ejemplos: langosta mediterránea y alacrán cebollero.

- Hemípteros: quedan subdivididos a su vez en heterópteros y homópteros, donde los primeros están formados por los conocidos vulgarmente como chinches o tigres (almendro), y los segundos representan a un suborden muy heterogéneo, formado por mosquitos verdes, moscas blancas, pulgones o cochinillas. Aunque hay especies depredadoras o parásitas, la mayoría se alimentan de la savia vegetal de las plantas a las que atacan, gracias a su aparato bucal picador-chupador.

- Coleópteros: popularmente conocidos como escarabajos, caracterizados por poseer aparato bucal masticador, tanto en estado larvario como adulto, y por tener sus alas anteriores endurecidas, que sirven de protección a las posteriores, membranosas y gracias a las cuales pueden volar. Ejemplos: gran unicornio de la encina y gorgojo de los pinos.

- Dípteros: es el grupo formado por moscas y mosquitos, caracterizados por tener únicamente las alas anteriores funcionales y cuyo aparato bucal es muy variable, destacando el picador-chupador de los mosquitos y siendo lamedor en moscas. Las alas posteriores están transformadas en unas estructuras destinadas a la estabilidad en el vuelo y reciben el nombre de «balancines». El individuo adulto no suele ser considerado problemático, pues toma su alimento generalmente de plantas y animales en descomposición. Son las larvas las que ocasionan problemas agrícolas y forestales, ya que se desarrollan dentro de sustratos alimenticios, principalmente frutos. Ejemplo: mosca del olivo.

- Himenópteros: es el orden de las abejas, avispas y hormigas. En agricultura son generalmente más interesantes por sus aspectos beneficiosos como enemigos naturales o polinizadores de las plantas que por sus aspectos perjudiciales, existiendo también algunas especies que se comportan como plagas, como la falsa oruga de los rosales (hojas).

- Lepidópteros: comprende las denominadas mariposas y polillas. Las larvas, llamadas en este orden orugas, poseen un aparato bucal masticador y se alimentan, en la mayoría de los casos, de plantas, por lo que constituyen daños importantes. En cambio, el adulto no causa ningún tipo de problema, ya que se alimentan de sustancias azucaradas (néctar). Ejemplos: lagarta peluda de la encina, procesionaria del pino, el minador de los cítricos, las polillas de los frutales de hueso, etcétera.

Entre los ácaros destacan, como especies más importantes de plagas, las arañas rojas de los árboles frutales. Hay especies de miriápodos, como algunos ciempiés o milpiés, y moluscos, formados por babosas y caracoles, que se alimentan de tejidos vegetales muy tiernos, como por ejemplo, semillas en germinación y plántulas. Ambas divisiones de animales habitan en el suelo, bajo ambientes con mucha humedad y materia orgánica. Los nematodos que atacan a las masas forestales casi siempre actúan como endoparásitos radicales.

Ya dentro de los mamíferos, los animales más problemáticos para las plantas están representados por los roedores (ratones, topillos, etc.) y los lagomorfos (conejos, liebres...). Ambos órdenes tienen una elevada capacidad reproductiva y un desarrollo muy rápido, con lo que se podrían convertir en una plaga importante. Atacan a todo tipo de material vegetal: raíces, troncos, tallos, ramas, hojas, frutos, etcétera.

Insecto que defolia: la procesionaria del pino

La procesionaria del pino (*Thaumetopoea pityocampa*) es un lepidóptero muy habitual en toda el área mediterránea. En España se localiza en todas las provincias. Es una de las plagas más importantes en el sur peninsular, sobre todo en Andalucía, tanto por su repercusión social como debido a la gran superficie potencial de actuación que presenta este agente dañino. Produce graves perjuicios, tanto de forma directa como indirecta.

a) Daños a la salud humana:

Las orugas de procesionaria, desde su tercer estadio, resultan urticantes para el hombre y los animales. Los pelos urticantes de la oruga poseen forma de arpón. Cuando se clavan en la piel inoculan una sustancia que causa un vivo dolor seguido de gran comezón, apareciendo un eritema y ronchas de urticaria. También pueden originar conjuntivitis, rinitis, y alergias respiratorias. Las lesiones aparecen tras un corto periodo de latencia (unos 30 min) y tienen una duración media de un día completo (24 horas).

b) Daños en los montes:

Las orugas de procesionaria se alimentan de las acículas de los pinos durante la noche. La alimentación es muy activa durante el último estadio, provocando fuertes defoliaciones, las cuales:

- Causan un debilitamiento y retraso en los crecimientos vegetales.
- Impiden el correcto establecimiento de repoblaciones.
- Originan un impacto socioambiental.
- Devalúan el valor estético y paisajístico de los montes.

c) Aprovechamiento social o uso público:

El ser humano realiza diversas actividades en el entorno de los pinares, como el senderismo, las barbacoas familiares, acampadas, etc. Cuando la infestación es alta, el aprovechamiento social se ve directamente afectado por la procesionaria.

d) Uso productor: dificulta los aprovechamientos (recogida de la piña).

e) Uso protector: dificulta o impide la realización de los labores silvícolas.

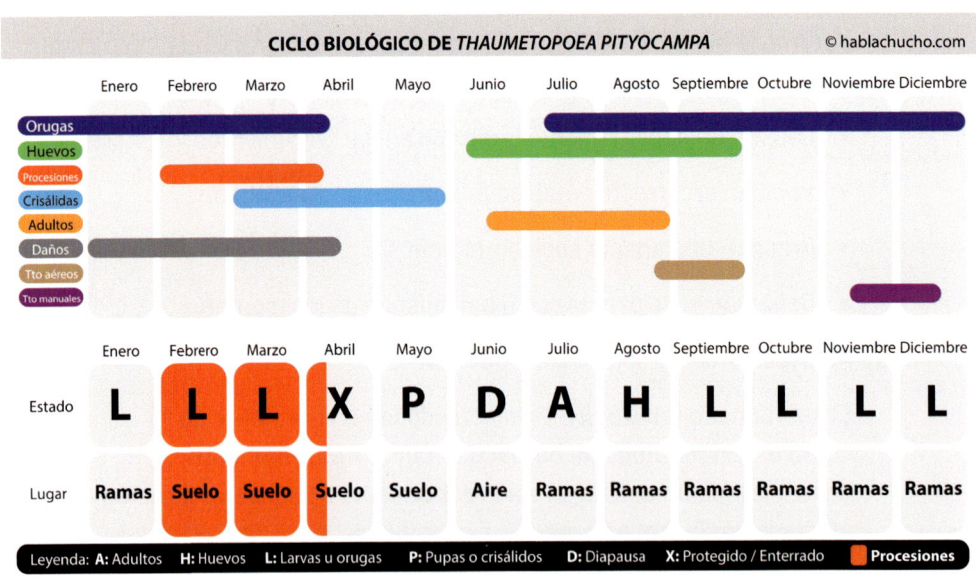

6. Construcción de nidos

7. Enterramiento

Ciclo de la procesionaria

Dic. Enero Febrero Marzo Abril Mayo Junio Julio Agosto Sept. Octubre Nov.

5. Desarrollo larvario

8. Fase crisálida

4. Eclosión de los huevos

1. Eclosión de las crisálidas

2. Apareamiento de las mariposas

3. Puesta de huevos en las acículas de los pinos

CICLO BIOLÓGICO DE *THAUMETOPOEA PITYOCAMPA* © hablachucho.com

	Enero	Febrero	Marzo	Abril	Mayo	Junio	Julio	Agosto	Septiembre	Octubre	Noviembre	Diciembre
Orugas												
Huevos												
Procesiones												
Crisálidas												
Adultos												
Daños												
Tto aéreos												
Tto manuales												

	Enero	Febrero	Marzo	Abril	Mayo	Junio	Julio	Agosto	Septiembre	Octubre	Noviembre	Diciembre
Estado	L	L	L	X	P	D	A	H	L	L	L	L
Lugar	Ramas	Suelo	Suelo	Suelo	Suelo	Aire	Ramas	Ramas	Ramas	Ramas	Ramas	Ramas

Leyenda: **A:** Adultos **H:** Huevos **L:** Larvas u orugas **P:** Pupas o crisálidos **D:** Diapausa **X:** Protegido / Enterrado **Procesiones**

Figuras 1.27-1.28. Ciclo biológico de la procesionaria del pino.

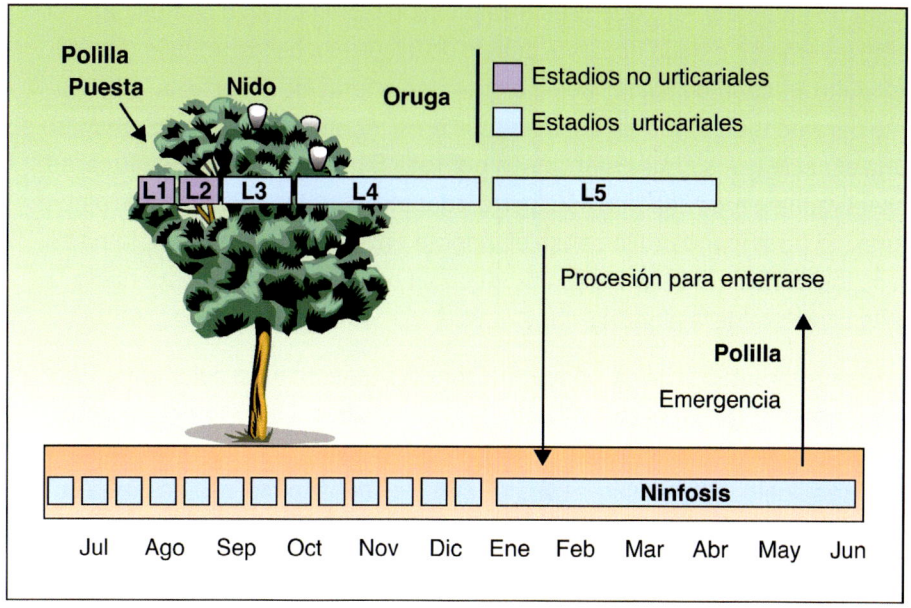

Figura 1.29. Estadios de la procesionaria del pino.

Figura 1.30. Nido de procesionario del pino.

Insecto perforador de troncos: el gorgojo de los pinos

Se trata de un coleóptero que presenta un ciclo biológico algo complicado. El insecto inverna en estado de larva, debajo de la corteza de los troncos y en estado adulto, escondido bajo el suelo o entre las grietas de la corteza. Prácticamente durante todo el año están presentes en el monte las larvas y los imagos. Es una especie que se halla distribuida por toda Europa y el norte de África; se ha observado en toda España. Este perforador ataca preferentemente los pinos jóvenes. El principal daño lo causa el insecto en estado de larva por la parte baja de los troncos, donde pueden producir su completo anillamiento hasta la muerte completa de la plántula.

Un síntoma característico de un ataque por este insecto es el color amarillento rojizo que presentan las acículas de las ramas altas. Como todos los perforadores tiene preferencia por los pies debilitados o enfermizos. Los focos de infestación suelen comenzar en rodales con pies debilitados, ya sea por la pobreza de los terrenos, debido a un periodo de sequía, por ataques de otros insectos o de hongos, y muy comúnmente tras un incendio forestal.

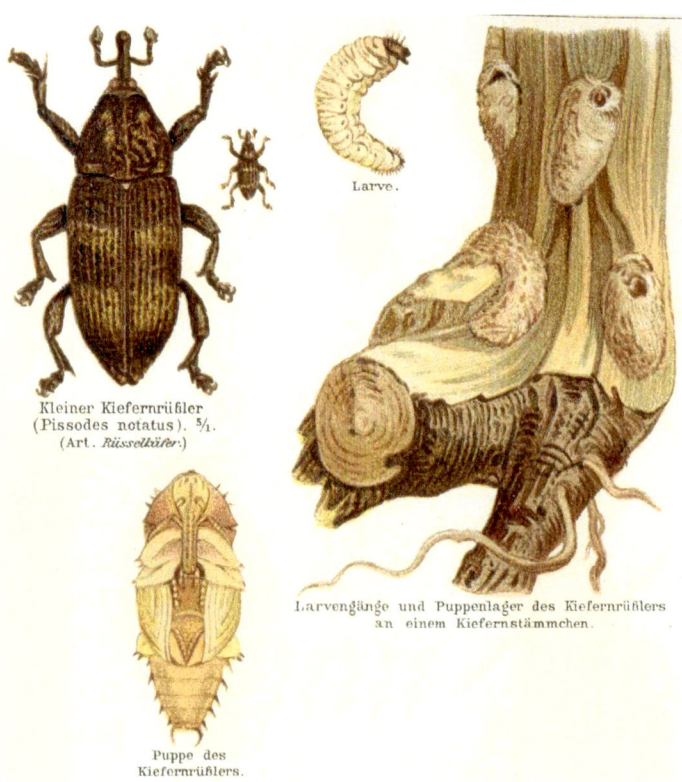

Figura 1.31. Gorgojo de los pinos *(Pissodes castaneus = P. notatus)*.

Insecto que defolia: langosta mediterránea *(Dociostaurus maroccanus)*

Aunque las plagas de langosta parezcan un fenómeno propio de otras latitudes, en España existe cierto riesgo de que ocurran. La langosta mediterránea, marroquí o común, habita en ciertas comarcas de los países que rodean el Mediterráneo. En España, su hábitat permanente se localiza en terrenos pobres donde abundan los eriales y pastizales, principalmente localizados en La Serena (Badajoz), Llanos de Cáceres y Trujillo, el valle de Alcudia en Ciudad Real, el valle de Los Pedroches (Córdoba) y Los Monegros (Huesca y Zaragoza). Desde muy antiguo se han registrado grandes y múltiples episodios de plagas de langosta en España, hasta en pleno siglo xx. Tal es la importancia, que incluso existe un «Programa nacional para el control de plagas de langosta y otros ortópteros», recogido en el Real Decreto 1507/2003, de 28 de noviembre.

La principal característica de la langosta es el fenómeno de cambio de fase, por el cual todos los individuos pasan espontáneamente de tener una fase solitaria a otra gregaria. La fase gregaria es precedida por un aumento notable de población durante los dos años previos, favorecida por temperaturas primaverales altas y lluvias no excesivas, con pastos abundantes que aumentan su fecundidad. Si la siguiente primavera es también cálida, pero seca, con escasez de pastos, las larvas (en realidad pequeñas ninfas) irán agrupándose formando rodales y cordones, mientras que los adultos emigran en masivos enjambres fuera de las áreas de desarrollo permanente. La fase solitaria, de menor tamaño, se alimenta de pasto sin originar plaga. Sin embargo, las formas gregarias van desplazándose a grandes distancias consumiendo por completo pastizales, cultivos agrícolas o matorrales.

Para su control, pueden adoptarse diferentes medidas culturales, ya que sobre zonas cultivadas o donde se realizan labores de arado, las langostas no realizan la puesta de huevos. En los terrenos donde depositan sus huevos, una simple labor con cierto volteo podría evitar la eclosión o impedir que las larvas alcancen la superficie. Otra opción es el control biológico, como el uso de hongos patógenos. Además, hay animales depredadores que se alimentan de las langostas, aunque su incidencia en fase gregaria, con millones de individuos, es insuficiente para su control. También se podrían utilizar nematodos parásitos o feromonas de agregación, aunque son técnicas minoritarias y en desarrollo. En caso de que las medidas anteriores no sean suficientes y haya que realizar un tratamiento químico, este deberá llevarse a cabo durante las primeras fases de su desarrollo, que sería cuando los individuos presentan mayor susceptibilidad.

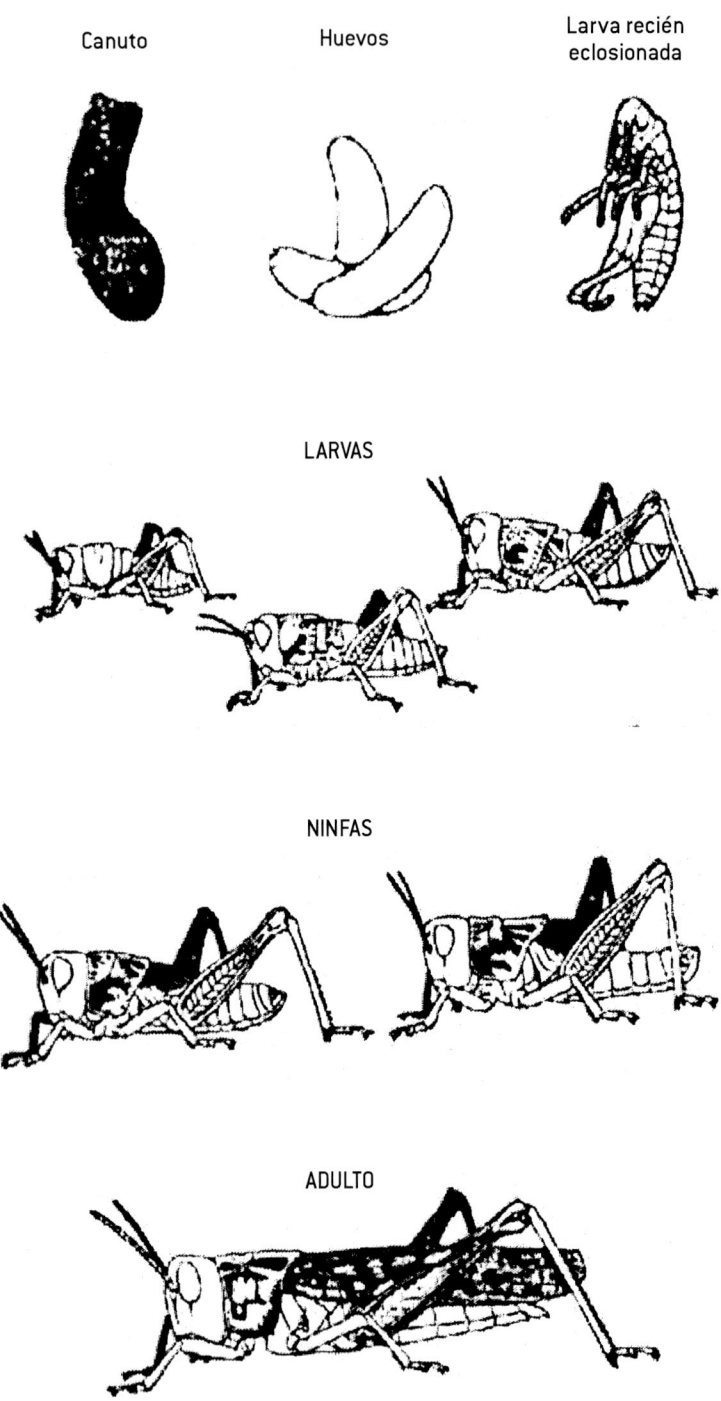

Figura 1.32. Estados de desarrollo de la langosta mediterránea.

Insecto que defolia: la lagarta peluda de la encina *(Lymantria dispar)*

La lagarta peluda es un lepidóptero que se halla en toda la península ibérica y las Islas Baleares. El principal daño que provoca son defoliaciones por alimentación de las larvas en especies pertenecientes al género *Quercus*, entre las que destaca la encina (*Q. ilex*) y el alcornoque (*Q. suber*). Las larvas pequeñas van desplazándose al dejarse colgar por un hilo de seda y para ser transportadas por el viento. Esta es la forma de dispersión de la plaga, ya que las mariposas hembra no pueden volar debido a lo abultado de su abdomen.

El ciclo biológico de *Lymantria dispar* presenta una sola generación al año. La lagarta peluda pasa el invierno protegida en forma de huevo. Su ciclo biológico depende directamente de las condiciones climáticas. En primavera es cuando eclosionan los huevos y aparecen las primeras larvas, que permanecen durante su primer estadio encima de la puesta sin comer nada. Pasados unos diez días, las orugas, que poseen un marcado fototropismo, comienzan la fase de dispersión y se dirigen a la parte alta de la copa, comenzando su alimentación. Inicialmente, los daños que se producen son sobre la nueva masa foliar y consisten en pequeñas roeduras por el centro de las hojas. En esta fase, si el árbol no tiene hojas nuevas, las orugas irán colgándose de unos hilos de seda, gracias a los cuales y a los numerosos pelos que las recubren serán transportadas por el viento, su principal factor de dispersión, a nuevos pies con hojas rebrotadas.

Cuando la plaga es muy intensa, la oruga destruye completamente la hoja y los brotes nuevos, incluso las hojas de años anteriores, causando una defoliación total. El tiempo de paso de un estadio a otro es de unos diez días, aunque si las condiciones climáticas le son favorables puede reducirse a unos cinco días. Por ello la fase larvaria dura unos dos meses, aunque podría reducirse a la mitad. Una vez completa la fase larvaria, las orugas pasan a crisálidas formando grupos pequeños en las partes inferiores de las ramas bajas. Esta fase suele comenzar en el mes de junio y dura entre diez y quince días. Pasado este tiempo, emergerán los adultos, que vivirán unos cinco días, durante los cuales realizarán la puesta de huevos, que permanecerá en el árbol hasta que se produzcan las primeras eclosiones de la siguiente primavera.

Normalmente hay numerosos parásitos naturales y animales predadores que controlan la población de lagarta peluda, aunque a veces experimenta un gran incremento produciendo fuertes defoliaciones y daños durante algunos años. Por ello, hay que controlar la población con seguimientos y trampas de feromonas para poder actuar antes de que pase a ser una plaga.

Figuras 1.33-34-35. *Lymantria dispar* en estado adulto (arriba) y de oruga.

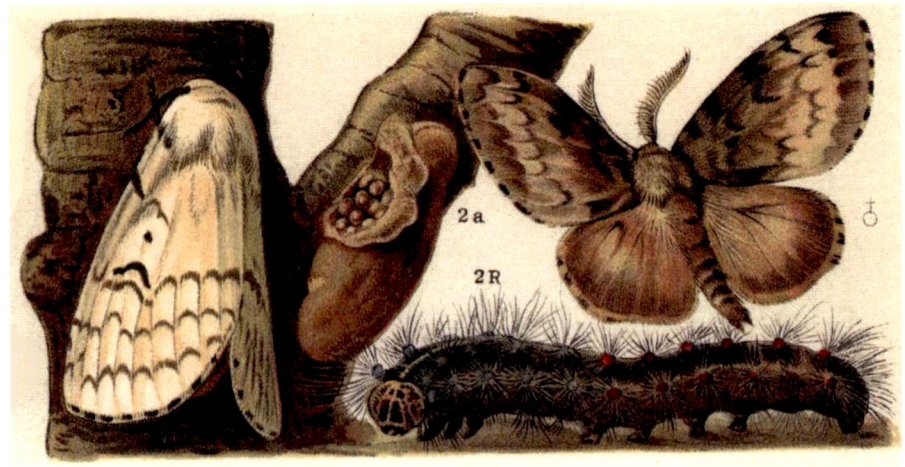

Figura 1.36. Ciclo biológico de *Lymantria dispar.*

Díptero perforador de frutos: la mosca del olivo *(Bactrocera oleae)*

La mosca del olivo está considerada como la plaga principal en el olivar, que ataca exclusivamente a las aceitunas. Los daños que provoca son de dos tipos:

- Directos: una pérdida de peso y rendimiento de los frutos, por la pulpa que comen las larvas, así como una caída prematura de aceitunas, debido a las galerías que afectan al tejido que las une a los cabillos.

- Indirectos: una pérdida de calidad en los aceites de oliva obtenidos por aumento de su acidez, sobre todo cuando las aceitunas picadas han sido recolectadas del suelo, o bien atrojadas en almazara durante días.

Esta mosca vuela en el olivar desde marzo hasta noviembre, pero el periodo en el que daña el fruto comienza en el mes de julio, cuando el hueso de aceituna está endurecido. La mosca pone, generalmente, un solo huevo por aceituna y en aquellas que no han sido anteriormente picadas, excepto años de poca cosecha o mucha plaga en los que resulta fácil encontrar varias picaduras por fruto. Las moscas depositan los huevos debajo de la piel de las aceitunas y pasados unos días avivan unas larvas milimétricas y blanquecinas-transparentes, las cuales toman su alimento de la pulpa y producen galerías interiores. Tras el estado larvario pasan a pupas, con forma de tonel, dentro de las cuales experimentan una metamorfosis y se transforman en moscas adultas que abandonan las aceitunas rompiendo la piel. Este agujero de salida es muy fácil de ver a simple vista y es el síntoma característico de aceituna picada por mosca.

Los tratamientos contra la mosca del olivo se deben realizar en función de seguimientos de la plaga mediante capturas con trampas. Cuando la plaga es muy agresiva se debe aplicar un tratamiento fitosanitario terrestre o aéreo.

Figura 1.37. Mosca del olivo en aceituna.

Insecto chupador: tigre/chinche del almendro *(Monosteira unicostata)*

El tigre del almendro es una especie de hemíptero heteróptero. Se trata de una chinche pequeña de unos 2 mm, difícil de apreciar en el árbol a simple vista, y de color gris con listados marrones. Los daños resultan visibles, pues al ser un insecto chupador, las picaduras en el envés de la hoja producen una especie de mosaico amarillo blanquecino por el haz. En el envés de la hoja se pueden apreciar unos puntitos negros que son los excrementos de los insectos que dificulta la fotosíntesis a la planta.

El invierno suele pasarlo bajo la corteza u hojas caídas del almendro, apareciendo en primavera. En las regiones frías tiene dos generaciones de insectos, mientras que en las cálidas puede llegar a tres o cuatro. Los ataques fuertes comienzan a producirse cuando hace su entrada el verano. En la recolección es un verdadero problema, pues pica bastante y se introduce por todos lados.

Si el ataque continúa, las hojas del almendro toman un color amarillo y caen al suelo, provocando un déficit de su actividad vegetativa con el consiguiente parón en el crecimiento arbóreo y una bajada de los rendimientos productivos.

Figura 1.38. Daños producidos por *Monosteira unicostata* en hojas de almendro.

Nematodo de la madera de pino *(Bursaphelenchus xylophilus)*

El nematodo de la madera de pino causa la enfermedad mundialmente conocida como marchitamiento o decaimiento súbito de los pinos, que y puede ocasionar la muerte de los pies afectados. Existe una compleja relación entre los ciclos biológicos de *Bursaphelenchus xylophilus* y de su insecto vector, perteneciente al género *Monochamus*, que interviene tanto en los procesos de reproducción como de difusión. La transmisión del nematodo puede ser de dos tipos: fase primaria o fitófaga y fase secundaria o micófaga.

En la fase primaria, el vector adulto introduce al nematodo en forma de larva (fase resistente o cuarto estadio), cuando se alimenta sobre ramillos jóvenes. Los nematodos alcanzan los canales resiníferos donde se alimentan de sus células, luego se desarrollan, se transforman en adultos, copulan y realizan la puesta. Cuando las condiciones ambientales resultan óptimas, comienza el proceso de dispersión, las larvas van hacia las cámaras en donde se hallan las pupas de su insecto vector antes de que puedan emerger los individuos adultos. Los nematodos mudan al cuarto estadio larval, especializado en la dispersión y ligado al estado de pupa de *Monochamus* sp., y son transportados por los individuos adultos, todavía inmaduros, al salir de la madera. En la transmisión secundaria, el vector, al depositar los huevos bajo la corteza de los árboles, introduce larvas de nematodo. En esta fase las larvas-vector se alimentan de células originadas en el cámbium y las de nematodo de las hifas de los hongos introducidos por el vector. Una vez infestado el árbol, el nematodo coloniza los canales resiníferos para tomar su alimento de las células epiteliales que los revisten y de las células parenquimáticas circundantes, lo que provoca una reducción de la producción de resina. Seguidamente se produce una disminución de la transpiración vegetal, ocasionando el amarilleado y la marchitez de las acículas.

El signo externo más aparente se corresponde con que aparece ramaje seco distribuido en el primer tercio superior de la copa. Transcurridos entre uno y tres meses, casi toda la masa foliar de la copa estará seca junto con otras acículas a modo de plumero lacio hasta la muerte arbórea. Posteriormente aparecerán otros focos de pies desecados por esta misma causa. Por otra parte, los daños ocasionados por el insecto (*Monochamus* sp.) son debidos por alimentarse las larvas que realizan galerías en su albura y agujeros en la madera, provocando la depreciación de su calidad. Para evitar la propagación de los insectos adultos pueden usarse trampas con compuestos atrayentes. También es recomendable la eliminación de los pies muertos o decadentes y retirar la madera infectada.

Figura 1.40. Pinar afectado por *Bursaphelenchus xylophilus*.

Figura 1.41. Ejemplar adulto de *Monochamus* sp.

1.2.10. Ecología de sistemas forestales: los insectos y el bosque

El bosque forma un ecosistema en donde predominan los árboles hasta el punto de modificar las condiciones de vida que reinan el suelo, creando un microclima singular. El bosque incluye árboles, pero también arbustos y plantas herbáceas, hongos que forman micorrizas, dando lugar a setas y trufas, con estas especies vegetales, etc. Una fauna específica se asocia en este medio forestal, que posee una estructura compleja y, en particular, una estratificación vertical característica. Hay numerosos lazos de unión en todo el ecosistema forestal a causa de la gran riqueza en especies de todo tipo (vegetales, animales, fúngicas, etc.). Una particularidad notable de los insectos es la estabilidad morfológica y genética de sus especies, que apenas han evolucionado en el transcurso del Cuaternario a la era actual.

Los bosques europeos están constituidos por pocas especies de grandes vegetales leñosos, es decir, árboles, quedando las restantes diseminadas por individuos o grupos aislados. Esta estructura se opone a la de los bosques ecuatoriales, que incluyen numerosas especies de árboles, donde cada una está representada por individuos diseminados. En los bosques templados europeos, las especies raras y diseminadas, como el abedul, olmo, fresno, los arces o tilos, se considera que desempeñan un papel despreciable desde un punto de vista tradicional, que solo considere al bosque como productor de madera.

Las coníferas o resinosas están presentes, pero generalmente son poco abundantes en Europa central y occidental, siendo más dominantes en las regiones de clima continental de la Europa oriental, en los bosques boreales de la península escandinava y en la región mediterránea, sobre la cual subsisten poblaciones reliquias formadas por especies de los géneros *Pinus* y *Abies*. Las coníferas europeas comprenden cuatro géneros autóctonos: *Abies*, *Larix*, *Picea* y *Pinus*. El pino silvestre (*P. sylvestris*) necesita mucha luz y ha sido plantado por todas las zonas de suelos pobres, para permitir la introducción de frondosas. El pino de Alepo (*P. halepensis*) y el piñonero (*P. pinea*) son especies estrictamente mediterráneas. Los bosques de frondosas están representados por dos géneros principales en Europa: *Fagus* y *Quercus*. El haya (*F. sylvatica*) es el árbol dominante y el que presenta en Europa occidental y central el área de repartición más extensa. Los robles comprenden especies caducifolias y otras con hojas perennes. El roble común (*Q. robur*) y el albar (*Q. petraea*) predominan en toda la Europa templada. La coscoja (*Q. coccifera*), el alcornoque (*Q. suber*) y la encina (*Q. ilex*) son estrictamente mediterráneos.

El bosque fue considerado durante mucho tiempo como productor maderero y fue gestionado de tal modo para obtener el máximo rendimiento sobre las especies que tuvieran un valor comercial. Así, todo elemento biótico que interviniera reduciendo la producción de madera era considerado como «dañino» y debía ser eliminado. En el mundo actual, este punto de vista tan restrictivo está siendo abandonado paulatinamente. Los bosques deberían ser considerados como ecosistemas con funciones múltiples, las cuales han de ser conservadas o restauradas. Además de su papel como productor maderero para la construcción (muebles, casas, etc.), el bosque tiene una función de protección contra la erosión de suelos y las inundaciones, así como en la regulación del ciclo hidrológico. También hace reducir el calentamiento edáfico por la radiación solar, contribuye a la formación de nubes, modera el clima regional, interviene sobre la regulación de gas carbónico en el aire…

La diversidad ecológica de hábitats y modos de vida permite distinguir diversas especies o gremios que cohabitan explotando los mismos recursos naturales. Los principales gremios de insectos forestales pueden ser clasificados en:

- Especies de la fronda: desarrollan gran parte de su ciclo vital en el follaje o la copa de los árboles. Comprende, sobre todo, a filófagos que defolian la masa forestal, destacando las orugas de lepidópteros.

- Insectos de meristemos: habitan en las yemas o en el cámbium. Para este último caso los ataques desbordan, a veces, a los tejidos circundantes (xilema y floema), quedando habitualmente clasificados como insectos de la corteza.

- Insectos radiculares: principalmente por larvas de coleópteros.

- Especies chupadoras de savia: formados por hemípteros.

- Carpófagos: formados por gorgojos, microlepidópteros y dípteros.

- Insectos que inducen la formación de agallas: especies himenópteros.

- Especies que se alimentan de la corteza: hay insectos comedores estrictos de floema y otros que son también xilófagos, como los *Pissodes*.

- Xilófagos estrictos: atacan la madera y están formados por numerosas especies de coleópteros e isópteros, más también algunos himenópteros, lepidópteros y dípteros.

- Otros insectos: comedores de hongos, habitantes de la hojarasca, etcétera.

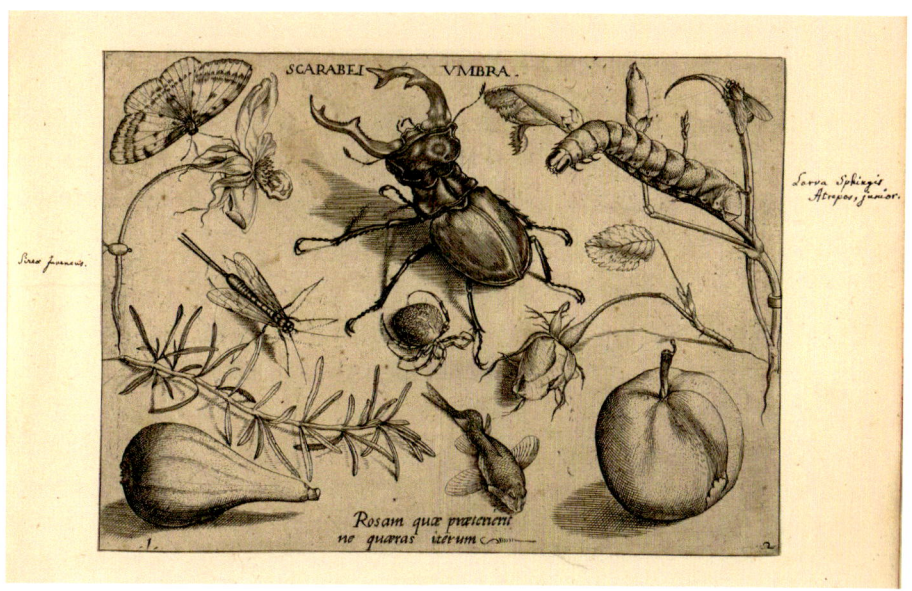

Figura 1.42. Diversidad biológica de un medio agrícola o forestal.

Figura 1.43. El aplicador de fitosanitarios no actuará contra todos los animales, tan solo sobre aquellas especies que hayan superado el umbral de daños y sean una plaga.

1.3. Enfermedades: principales agentes causantes, daños que provocan

Una planta enferma produce una serie de procesos fisiológicos perjudiciales, resultado de la interacción continua causada por un agente primario (patógeno). Un concepto asociado a la enfermedad es el de daño, que se refiere a un perjuicio de la fisiología vegetal debido a una interacción momentánea o transitoria, pero no continua.

Las enfermedades que más destacan en patología forestal son las micosis. Ahora bien, hay hongos que atacan los tejidos vivos de los árboles y arbustos causando las enfermedades propiamente dichas, mientras que otros atacan a la parte muerta de los mismos, la madera, produciendo alteraciones y pudriciones leñosas. Las principales enfermedades patológicas pueden ser subdivididas en ocho grupos distintos, en relación a si son enfermedades producidas en los viveros forestales, del castaño, haya, olmo, pino, roble y enfermedades de otras frondosas y resinosas.

Pero, al igual que sucede con los animales, hay bacterias y especies fúngicas perjudiciales y beneficiosas, que respectivamente atacan a las plantas o viven con ellas en simbiosis. Los más importantes en el medio forestal son las micorrizas; hongos que cohabitan en simbiosis con las raíces de los árboles o arbustos y los populares líquenes (hongo + alga). También hay otros modos de asociaciones beneficiosas para los vegetales, como por ejemplo, serían las bacterias o los hongos endófitos que parasitan a ciertas especies de plantas, pero a la vez las protegen de ataques animales (plagas) al convertirlas en venenosas para estos. En el suelo hay numerosas bacterias que realizan la fijación biológica de nitrógeno libre, solubilizan el fósforo, fabrican vitaminas, enzimas u otros compuestos beneficiosos para las plantas, etcétera.

Figura 1.44. Vivero forestal especializado en producción de pinos.

Figura 1.45. Envases de plántulas de pino para plantaciones forestales al aire libre.

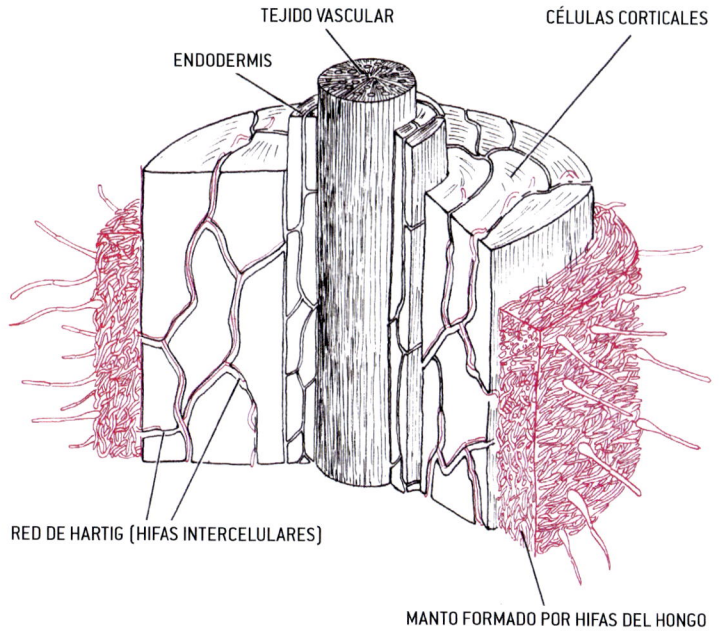

Figura 1.46. Ectomicorriza.

LACTARIUS DELICIOSUS FRIES 1490.

Figura 1.47. Níscalo *(Lactarius deliciosus)*, un hongo que forma micorrizas con especies de coníferas *(Pinus)*.

Figura 1.48. *Botrytis cinerea* infectando moras del género *Rubus* (Mark Bolda).

Figura 1.49. Hojas de laurel infectadas por *Phytopthora ramorum*.

Figura 1.50. Ennegrecimiento de brotes y hojas de chopo por *Venturia populina*.

Figura 1.51. Brotes de pino torcidos por *Melampsora pinitorqua.*

1.3.1. Causa de la enfermedad

La causa de una enfermedad vegetal se produce por la interacción de varios factores: el agente patógeno, la planta susceptible y el medio ambiente. Suele representarse gráficamente por el triángulo de la enfermedad, cuyos lados representan efectos bidireccionales.

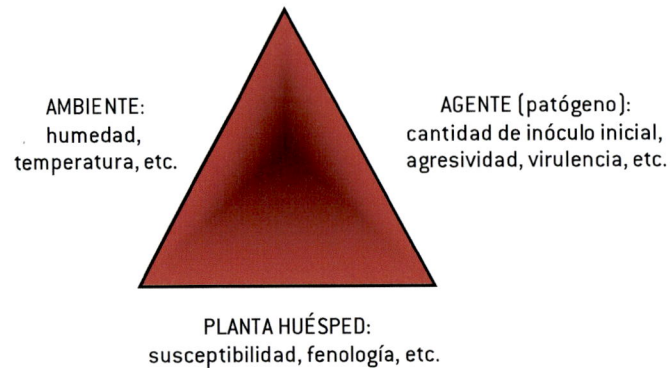

AMBIENTE:
humedad,
temperatura, etc.

AGENTE (patógeno):
cantidad de inóculo inicial,
agresividad, virulencia, etc.

PLANTA HUÉSPED:
susceptibilidad, fenología, etc.

Figura 1.52. Triángulo de la enfermedad.

Sin embargo, este modelo de triángulo se refiere a la magnitud que tiene la enfermedad en un momento determinado. El daño final causado en el cultivo depende no solo de dicha magnitud, sino también de su duración, es decir, el tiempo que tarda el patógeno en infectar la planta y desarrollarse hasta su completa erradicación. Ambos factores determinan el efecto final de la enfermedad sobre un cultivo.

1.3.2. Clasificación

Para facilitar el estudio de las enfermedades agrícolas, es necesario agruparlas de forma ordenada. Esto es necesario también para lograr la identificación y el control posterior de cualquier enfermedad que infecte las plantas, pudiendo usarse diversos criterios de clasificación.

En ocasiones, las enfermedades vegetales se clasifican según los síntomas que producen: pudriciones de raíz, sarnas, chancros, marchitamientos, manchas foliares, tizones, royas, carbones, mosaicos, amarilleados, manchas anulares, etc. Sin embargo, el criterio más útil para clasificar una enfermedad es el realizado por el tipo de agente patógeno que la genera. Este tipo de clasificación tiene la ventaja de que indica la causa de la enfermedad, lo cual permite prever su desarrollo probable y posterior difusión, así como las posibles medidas de control que se deben emplear.

De acuerdo con lo mencionado, las enfermedades de las plantas, ocasionadas por agentes bióticos, pueden ser clasificadas en:

a) Hongos: pequeños organismos eucariotas, frecuentemente microscópicos, que obtienen su energía de restos animales o vegetales, cuando son saprofitos, o bien de infectar plantas o animales: hongos parásitos; aunque también los hay simbiontes: líquenes y micorrizas. Los hongos pueden infectar las plantas mediante penetración directa en el tejido vegetal, a través de una herida o aprovechando aperturas naturales, como los estomas de las hojas.

b) Bacterias: organismos procariotas y microscópicos, que pueden adoptar diversas formas: bastoncillo, esférica, etc. Pueden vivir sobre semillas, plantas o animales, y se propagan aprovechando salpicaduras de lluvia o agua corriente, por el viento, a través de insectos u otros invertebrados, etc. Acceden al interior de las plantas a través de heridas abiertas o aperturas naturales.

c) Micoplasmas: microorganismos muy semejantes a las bacterias, a excepción de que no presentan pared celular. Son transmitidos por insectos vectores y por injerto.

d) Virus: partículas microscópicas que actúan como agentes infecciosos para las células. Usualmente quedan formados por un ácido nucleico (ADN o ARN) envuelto bajo una cubierta de proteína (cápsula). Los virus no son capaces de reproducirse por sí mismos, viéndose obligados a inducir a plantas huésped para generar más partículas víricas. Pueden transmitirse a los cultivos agrícolas por medio de insectos, a través de heridas o gracias al hombre, cuando aplica estaquillas o yemas infectadas (propagación vegetal).

1.3.3. Síntomas

Las alteraciones y pudriciones de la madera causadas por hongos, cuyo estudio va separado de las micosis que causan enfermedades fisiológicas a las plantas, producen anomalías distintas. Las alteraciones dan lugar a cambios en el color de la madera, pero no afectan apenas ni a su estructura ni a sus características físico-mecánicas. En cambio, las pudriciones ejercen su acción sobre las paredes de las células inertes que forman el xilema y afectan, por lo tanto, a la estructura y las características físicas y mecánicas de la madera.

Los fenómenos anormales que acompañan a las enfermedades vegetales dan lugar a síntomas, que serán específicos para cada tipo. La sintomatología radicular, por su posición subterránea, es la más difícil de observar, especialmente cuando la enfermedad está en las primeras fases de su desarrollo. Sin embargo, al avanzar la enfermedad y afectar a gran parte o todo el sistema radicular, como sucede, por ejemplo, en los pinos con el hongo *Armillaria mellea* o en los castaños con el hongo *Phytophthora cambivora*, son fáciles de diagnosticar. En el tronco y las ramas destacan síntomas diversos:

- Cancros corticales que agrietan el árbol.
- Cancros que impiden la circulación de la savia.
- Obstrucción de los vasos conductores, impidiendo su normal funcionamiento (*Ceratocystis ulmi*).
- Aparición de pequeñas verrugas en la corteza.
- Pudriciones de duramen originadas por los hongos xilófagos.

Finalmente, la sintomatología foliar de las enfermedades forestales más habituales en España son los fenómenos de marchitez, las decoloraciones pardo-amarillentas, la desecación de bordes o extremidades, la paralización en el crecimiento de las hojas, las apariciones de manchas negras o pardas, etcétera.

1.3.4. Principales enfermedades causadas por hongos

Para realizar una sencilla clasificación de los distintos hongos causantes de daños a las plantas, puede atenderse a la zona vegetal en donde se produce dicho daño. Así hay:

- Hongos de cuello y raíz.
- Hongos de los vasos conductores (tronco).
- Hongos de hojas, flores y frutos.

Hongos de cuello y raíz

Son hongos que, generalmente, habitan y se desarrollan en el suelo. Se ven favorecidos por condiciones de humedad, y atacan a las plantas en las raíces o en el cuello de las mismas. La sintomatología suele mostrarse con decoloraciones generalizadas por toda la planta, pudiendo llegar a disminuciones de cosecha, pérdida de la hoja e incluso muerte de la planta. Si se pudieran observar las raíces o el cuello, se apreciarían pudriciones húmedas en los mismos.

Ejemplos de hongos que atacan a la raíz o al cuello de la planta serían:

- La podredumbre blanca de las raíces: *Armillaria* spp.
- *Phytophthora* spp.
- *Pythium* spp.

Hongos de los vasos conductores

Estos hongos atacan a los haces vasculares (conductos de transporte de agua y nutrientes minerales), bloqueándolos. Debido a este bloqueo hay sustancias que no pueden circular correctamente y la planta experimenta un colapso, cuyo fin último es la muerte de las partes vegetales ubicadas por encima de la infección. Si se realizara un corte transversal en una rama o tronco afectado se observaría que los vasos han tornado a un color negro.

Ejemplos:

- *Fusarium* spp.
- *Verticillium* spp.
- *Ceratocystis ulmi* (olmo).

Hongos de hojas, flores y frutos

En este grupo se halla la gran mayoría de las especies fúngicas causantes de daños a las plantas. La composición de los hongos que lo forman es muy variada y en él hay especies con características morfológicas, reproductivas, invasivas, etc., que son muy distintas entre sí, aunque todos ellos guardan una característica común: su capacidad para invadir partes aéreas de las plantas, principalmente hojas y frutos.

Debido a la gran diversidad, la sintomatología que producen estos hongos es también muy diferente, pudiendo dar lugar a decoloraciones, deformaciones, desecaciones, podredumbres, moteados, chancros, etc. Este grupo se puede subdividir a su vez en:

- Mildius: afectan a las partes verdes de las plantas, principalmente hojas, provocando decoloraciones. Atacan a muchos cultivos hortícolas (patata: *Phytophthora infestans*) y leñosos (vid: *Plasmopara viticola*).

- Oídios: parasitan todo tipo de cultivos y se identifican muy fácilmente por presentar una especie de polvillo blanco perceptible a simple vista. Suelen atacar principalmente a hojas y frutos, pero si es a brotes puede ocasionar deformaciones y secas. Ejemplos: oídio de la vid (*Uncinula necator*), el rosal o melocotonero (*Sphaerotheca panosa*).

- Podredumbres: causadas por distintos géneros de hongos, afectan a todo tipo de cultivos y se manifiestan por la presencia de tejidos muertos (podridos) en las partes verdes de la planta y principalmente sobre los frutos. Estos aparecen recubiertos por un polvillo de color generalmente pardo a grisáceo. Ejemplo: *Botrytis cinerea*.

- Royas: diferentes géneros de hongos forman una clase conocida por el nombre de *royas* y parasitan todo tipo de cultivos. Quedan caracterizados por la creación de unos pequeños abultamientos (pústulas) de coloración rojiza u ocre sobre todo el tejido afectado, principalmente hojas o espigas. Destaca la roya de los cereales: *Puccinia graminis*.

- Moteados: estos hongos tienen como acción más característica el formar unas manchas marrones y circulares en la piel de frutos u hojas, aunque también pueden causar defoliación, caída o acorchado de frutos y provocar heridas a las ramas. Ejemplo: *Venturia* spp.

- Cancros: es un conjunto de distintas enfermedades producidas especialmente por hongos pertenecientes al género *Colletotrichum*, que atacan a hojas, tallos y frutos, provocando unas manchas de tamaño variable y de color oscuro, que pueden ir acompañadas de unos ligeros abultamientos y de secreciones mucosas.

- Carbones: aunque atacan principalmente a cereales (trigo, arroz), también pueden infectar plantas herbáceas hortícolas (cebolla) u ornamentales, produciendo deformaciones, contaminación por esporas... Su característica principal es la creación de masas formadas por esporas de color negro, debido a las cuales toman el nombre de *carbones.*

- Otros hongos aéreos: negrillas (*Capnodium* spp.), repilo (*Spilocaea oleaginae*: olivo), emplomado (*Pseudocercospora cladosporioides*: olivo), manchas foliares (*Mycosphaerella nawae*: caqui; *Pestalotiopsis palmarum*: palmito), lepra (*Taphrina deformans*: melocotonero), etcétera.

1.3.5. Hongos xilófagos

De forma general, se considera que en el ámbito patológico existen unas claras interacciones entre la madera, su medio de ubicación y los agentes de deterioro, bióticos (hongos e insectos xilófagos...) o abióticos (humedad, fuego, etc.), que pueden actuar sobre la misma.

Al atacar la madera, los hongos xilófagos introducen sus hifas en las cavidades celulares y se alimentan de sustancias de reserva (radios leñosos) y componentes de las paredes celulares (celulosa, hemicelulosas y lignina), esta operación la realizan mediante acciones enzimáticas. Los hongos que se alimentan de la primera de las dos formas citadas toman el nombre de *cromógenos,* ya que tan solo modifican el color de la madera sin afectar apenas a su resistencia físico-mecánica. Los que se alimentan de la segunda forma, son los denominados «de pudrición», por afectar negativamente a los componentes de la pared celular de la madera, reduciendo así su resistencia físico-mecánica.

1.3.6. Principales enfermedades agroforestales en España

Principalmente, son debidas al ataque por hongos y bacterias.

Podredumbre radical de la encina, el alcornoque y el castaño (tinta)

Phytophthora cinnamomi es un hongo oomiceto considerado como el patógeno más importante causante de podredumbres radicales en especies leñosas. La sintomatología es muy inespecífica y poco útil para el diagnóstico: clorosis y/o marchitez foliar, defoliación, muerte regresiva de brotes y ramas, etc. Es necesario aislar e identificar el patógeno en laboratorio para un diagnóstico fiable. En España destaca por su importancia la podredumbre radical que causa este hongo en especies de *Quercus* mediterráneas (*Q. ilex* y *Q. suber*), en plantaciones de aguacate y la enfermedad grave que provoca en el castaño, conocida como la tinta. *Phytophthora cinnamomi* tiene una distribución mundial, produciendo los daños más importantes en zonas de clima tropical y subtropical, mediterráneas y de clima templado suave.

El progreso de la podredumbre radical causada por este hongo a la encina y el alcornoque origina graves pérdidas en la producción bellota y corcho, llevando a un estado de deterioro a las dehesas y montes mediterráneos que forman estas especies, cuyos daños pueden resultar a veces irreversibles.

Phytophthora cinnamomi es uno de los patógenos de plantas más destructivos en todo el mundo, causando muerte masiva de raíces absorbentes, reduciendo la capacidad arbórea de tomar agua y nutrientes, ocasionando síntomas parecidos a los de la sequía. Esto hace que la masa foliar se vuelva clorótica y muera. La sintomatología visible (aérea) de los árboles afectados es muy inespecífica y, por lo tanto, poco útil para el diagnóstico: clorosis y/o marchitez foliar, defoliación, muerte regresiva de brotes y ramas (puntisecado)... Todos ellos representan síntomas de tipo secundario causados por la falta de absorción hídrica en las raíces infectadas, que muestra un color oscuro y se descascarillan fácilmente. Cuando la infección radical es muy acusada, el descalce parcial de los árboles afectados ya no muestra raicillas absorbentes y estos terminan colapsando repentinamente (síndrome de muerte súbita o apoplejía). En otros casos, este proceso puede durar varios años, particularmente si se trata de climas más frescos y húmedos, dando lugar a una muerte lenta.

Los métodos de control químico (fungicidas) presentan una serie de ventajas, como su fácil aplicación, rapidez de acción, persistencia, eficacia y bajo coste, que los hacen ser una opción tentadora, dada la reducida efectividad a corto plazo de otros métodos de lucha. La búsqueda de antagonistas entre los hongos que forman micorrizas con *Quercus* spp. también es una opción interesante. La posible utilización de micorrizas, formas de asociación simbiótica mutualista, para el control de patógenos de suelo se ha incrementado considerablemente durante los últimos años. Para evitar la diseminación de la enfermedad, ha de asegurarse un buen drenaje de suelos. Los pies infectados deberán ser destruidos y no se realizarán movimientos de tierra infestada incluso con el calzado, las herramientas o la maquinaria.

En castaños, cuando la podredumbre de la raíz alcanza el cuello, los árboles muestran síntomas muy severos por toda la copa o mueren; la corteza se desprende fácilmente y la tinción aparece sobre la madera, produciéndose unas exudaciones de un líquido de color oscuro (tinta). Como síntomas aéreos destacan: ramas y ramillas puntisecas, hojas más pequeñas, que amarillean progresivamente y a veces caen prematuramente, aborto de los frutos y ramas muertas, todos ellos originados por la falta de absorción de agua en las raicillas infectadas. La sintomatología radical se basa en un reblandecimiento y ennegrecimiento de las raíces finas. En cambio, si el ataque se realiza sobre raíces de mayor diámetro, los tubos cribosos y vasos leñosos terminan llenándose de una sustancia gomosa, teñida de negro por sustancias fenólicas oxidadas, que por oscurecer las zonas enfermas ha dado a esta micosis el nombre de *tinta*. Las medidas de control generales para la tinta deben ser de tipo preventivo: suelo con buen drenaje, destrucción de los pies afectados, evitar el movimiento de suelos infestados con el calzado, las herramientas o la maquinaria, mantener los castaños en un estado vegetativo vigoroso, etcétera.

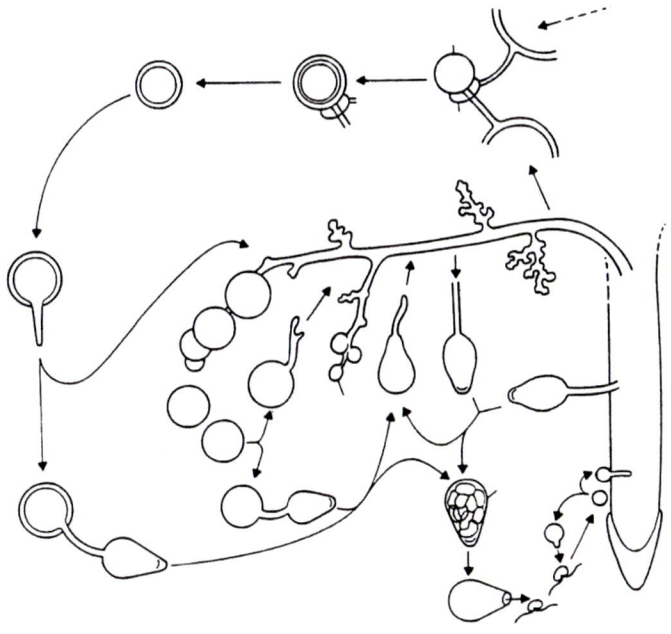

Figura 1.53. Ciclo vital de *Phytophthora cinnamomi*.

Figura 1.54. Encina seca por
Phytophthora cinnamomi.

Figura 1.55. Castaño afectado
por chancro.

Chancro de los castaños *(Cryphonectria parasitica)*

Se trata de una enfermedad causada por un hongo ascomiceto, *Cryphonectria parasitica*, considerada como el problema fitosanitario más grave del castaño en todo el mundo. Actualmente la enfermedad está presente sobre gran parte de los castañares que habitan el norte peninsular español. No todas las especies del genero *Castanea* presentan el mismo grado de susceptibilidad al ataque de *C. parasitica*; las especies que presentan mayor sensibilidad son *C. dentata* (castaño americano) y *C. sativa* (castaño común o europeo). *C. parasitica* también puede infectar otras especies frondosas, como *Acer* spp., *Alnus cordata*, *Carpinus betulus*, *Carya ovata*, *Castanopsis* spp., *Ostrya carpinifolia*, *Quercus pubescens*, *Q. petraea*, *Q. frainetto*, *Q. ilex* y *Rhus typhina*.

El proceso de infección de *C. parasitica* da comienzo al penetrar las esporas (conidios o ascosporas) en la corteza del castaño a través de aberturas naturales o heridas provocadas por el hombre, insectos, etc. El patógeno ataca principalmente al tronco y las ramas del árbol. En la rama y/o tronco invadido, *C. parasitica* infecta el cámbium y el xilema, interrumpiendo el suministro de savia, provocando el marchitamiento de hojas y ramas, un decaimiento general del árbol, y formación de brotes de yemas largamente dormidas justo debajo del chancro. La parte afectada de la planta sufre un proceso más o menos rápido de necrosis, que se detecta por la aparición de ramas secas a partir de la lesión. Progresivamente los chancros van aumentando de tamaño y rodeando a ramas y troncos. Cuando esto sucede, los tejidos vegetales situados por encima de la lesión terminan por morir. Actualmente, no existe ningún método eficaz, cultural ni químico, de control de *C. parasitica*, ni tampoco ningún cultivo de castaño europeo tolerante o resistente a la enfermedad. En la práctica, la introducción y diseminación de la enfermedad en áreas libres de chancro se combate mediante medidas preventivas.

Grafiosis de los olmos *(Ceratocystis ulmi)*

La grafiosis es una enfermedad compleja en la que participan tres agentes bióticos: el olmo (*Ulmus* sp.), un hongo patógeno (*Ceratocystis ulmi*) y un vector (*Scolytus* sp.), a los cuales hay que sumar el factor ambiental, que intervendrá de manera decisiva en la transmisión y el desarrollo de la enfermedad. La distribución de la grafiosis presenta en general un patrón tan artificial y amplio que no puede responder a sistemas naturales de difusión de la epidemia, explicándose únicamente por el transporte humano de leñas infectadas.

Figura 1.56. Olmo afectado por grafiosis en Ávila.

Figura 1.57. Ejemplar de *Scolytus scolytus* (CSIC).

La respuesta de las distintas especies de olmos frente a la enfermedad es muy variable, dependiendo no solo de la susceptibilidad intrínseca frente al patógeno, sino de la preferencia de los vectores (insectos coleópteros) en su alimentación. El patógeno es un hongo ascomiceto, que se reproduce tanto sexual como asexualmente, y su gran plasticidad le permite seleccionar los clones más patógenos para infectar a sus hospedantes (los olmos). Las esporas resultan muy susceptibles a la desecación, y no se transmiten por el aire ni por el agua. Como vectores actúan especies pertenecientes al género *Scolytus*, que habitan en el floema de los árboles, donde se reproducen y se alimentan las larvas. Aunque otros insectos pueden transportar esporas de *Ceratocystis ulmi*, solo las incluidas en el género *Scolytus* tienen capacidad para inocularlo en un árbol sano a través de las heridas de alimentación de los adultos. En España destacan tres especies principales de insectos vectores de la grafiosis:

- *S. scolytus*: coloniza troncos y ramas grandes con corteza gruesa.

- *S. multistriatus*: coloniza troncos, ramas gruesas y ramas de tamaño medio (> 5 cm) con corteza de grosor inferior a 1,5 cm.

- *S. kirschii*: coloniza ramillos de 2 a 10 cm y corteza lisa.

Presentan una morfología y ecología muy similares, distinguiéndose principalmente por el tamaño, factor que determina la infección: cuanto mayor sea el tamaño más probabilidad habrá de transmitir la enfermedad (> inóculo). Casi nunca son capaces de colonizar por sí solos árboles sanos, necesitando para ello unas poblaciones muy altas. El insecto (*Scolytus* sp.) que sale de un olmo enfermo por grafiosis porta las esporas de *Ceratocystis ulmi*. Una vez producida la inoculación de las esporas en otro árbol sano, se desencadena el proceso de infección fúngica. Tras germinar las esporas, las hifas penetran en los vasos que forman el xilema, subiendo y bajando a su través. Así logra el hongo una colonización longitudinal, que también avanza hacia el interior y el exterior, llegando hasta el floema. El hongo produce, a continuación, toxinas que taponan y rompen los vasos, provocando traqueomicosis. El árbol terminará muriendo por falta de agua cuando la infección alcance al tronco, lo que ocurrirá más rápidamente si la infección se localiza en horcaduras de ramas inferiores, algo poco frecuente. La sintomatología se debe a las toxinas emitidas por el hongo. El primer síntoma es un crecimiento descendente y un amarilleado de la masa foliar, pudiendo afectar inicialmente solo a unas pocas ramas de la zona superior de la copa. Posteriormente, las ramas van marchitándose y aparece un color pardo-rojizo característico, produciéndose un abarquillamiento de las hojas, enrolladas hacia el haz. Comienzan a morir los ápices de las ramas; las ramillas, cuyo crecimiento es más rápido, van doblándose y terminan formando una jota invertida (ſ), que al persistir durante los meses invernales puede servir para detectar la enfermedad.

El proceso de avance puede ser más o menos lento, en función de la infección y la cepa. Si esta última no es agresiva, las ramillas pueden llegar a recuperarse al año siguiente. Si no, la enfermedad avanzará hasta matar al árbol. La lucha contra la enfermedad requiere de un programa integral para ser eficaz, especialmente aconsejado en olmedas o individuos de gran valor. La prevención de la infección se centra en la lucha contra los vectores.

Defoliación de pinos por *Cyclaneusma minus* (= *Naemacyclus minor*)

Las especies afectadas por este hongo ascomiceto son, entre otras, *Pinus canariensis*, *P. halepensis*, *P. nigra*, *P. pinasfer*, *P. pinea*, *P. radiata*, *P. sylvestris* y *P. uncinata*, causándoles caída de acículas. Los daños más graves tienen lugar en viveros y plantaciones jóvenes, mientras que no son muy acusados en grandes masas forestales.

La sintomatología se caracteriza por aparecer manchas de colores verde pálido y amarillo que van virando con el tiempo a tonos pardos y marrones-amarillentos hasta su desprendimiento final. Sobre las acículas afectadas y ya secas, más aún en las caídas al suelo, emergen estructuras reproductivas o cuerpos fructíferos (apotecios), que se pueden observar bastante bien con ayuda de una lupa, cuya función es albergar esporas fúngicas, las cuales, bajo condiciones adecuadas de humedad, serán dispersadas por el viento, la lluvia o los animales. Para evitar esta enfermedad, han de tomarse medidas preventivas de control, sobre todo en viveros, mediante aplicación de productos fitosanitarios autorizados (fungicidas de amplio espectro).

Chancro sangrante de *Brenneria* (= *Erwinia*) *quercina* en *Quercus* spp.

El principal síntoma para el diagnóstico de la enfermedad se basa en la visualización de «sangraduras» en el tronco de los pies afectados (género *Quercus*), correspondientes a puntos en la corteza que rezuman un fluido viscoso, el cual, tras entrar en contacto con el aire, se oxida y adquiere un color oscuro, casi negro. La madera por debajo de la sangradura tiene un aspecto húmedo y teñido de marrón oscuro. La enfermedad también puede afectar a brotes verdes y frutos, que de igual modo exudan un fluido viscoso (melaza) entre la cúpula y la bellota. Esta enfermedad se presenta por todo el área de distribución de la encina en España. La infección está favorecida por la elevada humedad ambiental y las abundantes lluvias primaverales, ya que las aguas pluviales les sirven de vehículo de transmisión a las células bacterianas emergidas de los chancros en el fluido de la sangradura.

1.4. Plantas parásitas y malas hierbas: identificación y medios de lucha

Debido a que muchas especies pueden ser útiles o beneficiosas, resulta más apropiado emplear el término «hierbas adventicias» para referirse a ellas.

1.4.1. Plantas parásitas

Algunas plantas carecen de clorofila y no pueden realizar la fotosíntesis. Por este motivo, parasitan a otras especies vegetales para poder alimentarse. Como ejemplo de plantas parásitas podrían citarse al jopo, el muérdago, la cuscuta, etcétera.

1.4.2. Hierbas adventicias o vegetación espontánea

Son plantas que crecen siempre o de forma habitual en situaciones marcadamente alteradas por el hombre y que resultan no deseables por él en un lugar y momento determinado.

Aun así, no todas las plantas que se ubican en un campo de cultivo y que no coinciden con la especie cultivada deben ser automáticamente clasificadas bajo el grupo de malas hierbas, y por ello perseguidas. Es importante conocer qué plantas actúan como malas hierbas para un determinado cultivo y cuáles no. Su erradicación debe controlarse de forma justificada para un determinado lugar y momento. Las hierbas adventicias pueden contribuir a la propagación de plagas y enfermedades, aunque también son nichos ecológicos donde aguardan otros enemigos naturales (depredadores) de aquellas.

Características

La característica común a todas las especies de plantas consideradas malas hierbas es la capacidad para crecer de forma competitiva en hábitats alterados por actividades humanas. En este sentido, las malas hierbas pueden ser consideradas desde un punto de vista positivo, ya que se adaptan muy bien a crecer en estos ambientes ecológicamente degradados y constituirían el primer paso para su regeneración. Adicionalmente, se caracterizan también por otra serie de aptitudes para su crecimiento y desarrollo, tales como:

- Rápido crecimiento inicial, precocidad reproductiva y rapidez en la maduración de la semilla. Por ejemplo, la semilla de *Cirsium arvense* madura en dos semanas tras la floración.

- Algunas utilizan sistemas dobles de reproducción. Por ejemplo, *Sorghum halepense* (avena loca) se reproduce por semillas y rizomas.

- La mayoría son especies alógamas (mayor plasticidad genética) pero autocompatibles (autofecundación cuando no llega polen externo a la flor).

- Fácil dispersión: por viento, agua, insectos, etcétera.

- Son muy persistentes, debido al gran número de semillas que producen, alta viabilidad (latencia), germinación escalonada, plasticidad fisiológica y genética, etcétera.

- Alta competitividad por los nutrientes, la luz y el agua, ya que suelen ser poblaciones de una elevada densidad (sincronización con el cultivo, capacidad de rebrote, etcétera).

- Suelen adaptarse a los distintos métodos de control, incluidos los herbicidas químicos.

Clasificación

Existen distintos criterios para clasificar las especies de hierbas adventicias, pero la que más interés presenta sea, quizás, la realizada según el ciclo biológico de las mismas:

- Anuales: individuos inferiores al año de vida, que pueden ser de invierno (caléndula, malva, ortiga) o de verano (cuscuta, verdolaga).

- Bianuales: donde se incluyen las especies conocidas como cardos (*Cardus mutans, Cirsium arvense*), caracterizadas por pasar el primer año en fase de roseta, luego almacenan nutrientes y florecen al segundo año.

- Perennes o vivaces: que se multiplican mediante órganos de reproducción vegetativa. Se seca la parte aérea, pero el órgano central sigue viviendo. Las especies que forman este grupo se han convertido en las más problemáticas en el mundo. Ejemplos: *Cyperus rotundus, Cynodon dactylon, Sorghum halepense, Convolvulus arvensis, Eryngium campestre,* etcétera.

Figura 1.58. *Cirsium arvense* (cardo cundidor).

Figura 1.59. *Sorghum halepense* (sorgo de Alepo).

1.5. Agentes no parasitarios (atmosféricos, edáficos, contaminantes y técnicas culturales mal aplicadas): identificación y medidas preventivas

Enfermedad forestal es todo desarrollo anómalo en la vida normal de un árbol o arbusto, por la cual toda la planta o alguna de sus partes quedan amenazadas en su existencia o su normal funcionamiento. Sin embargo, en el ciclo vital de las plantas también se producen otros fenómenos necróticos de su cuerpo vegetativo que no se consideran enfermedades, como por ejemplo, la caída de las hojas en el otoño, las ramillas caídas espontáneamente de las ramas, el desprendimiento de cortezas o la renovación de la masa foliar por otra nueva.

Las variaciones en factores ambientales pueden causar a las plantas verdes estrés físico (luz, humedad o temperaturas inadecuadas, cambios osmóticos, etc.), químico (concentraciones inadecuadas de nutrientes, presencia de tóxicos, salinidad, etc.) y biológico (infecciones por microorganismos, parasitismo, acción de los herbívoros, etc.). Por ello, las enfermedades también pueden ser causadas por factores abióticos, como por ejemplo, las producidas ante una falta o un exceso de agua o sales minerales, las debidas al frío y el calor, las causadas por sustancias tóxicas atmosféricas y las atribuidas a daños mecánico-ambientales. La mayoría de las plantas padecerán en algún momento de su ciclo de vida una enfermedad no parasitaria, denominada fisiológica o fisiopatía, provocada por una perturbación de algunas de sus funciones vitales, como consecuencia de actuar diversos agentes de naturaleza física, química o mecánica, entre los que destacan:

- Falta o exceso de luz.

- Acción de temperaturas extremas: calor (insolación) o frío (heladas).

- Agentes meteorológicos adversos: viento, lluvia o granizo.

- Alteraciones debidas a causas mecánicas: heridas o roturas.

- Falta o exceso de agua.

- Mala estructura edáfica.

- Acidez o alcalinidad en el terreno sobre donde se desarrolla la planta.

- Desequilibrios nutricionales.

- Toxicidad por tratamientos fitosanitarios.

Figura 1.60. Intervenciones humanas en el monte: construcción de pista forestal.

Figura 1.61. Aprovechamientos forestales: corta y saca de madera.

1.5.1. Falta o exceso de agua

El agua es uno de los principales componentes de las plantas, que hace posible los procesos de alimentación, asimilación y crecimiento vegetal. Una falta de agua puede ocasionar daños importantes a las plantas, los cuales quedan exteriorizados mediante fenómenos de marchitez, decoloraciones pardo-amarillentas de las hojas, desecaciones a partir de sus bordes o extremidades y muerte parcial o total de los vegetales afectados por la sequía.

El agua es un disolvente para muchos tipos de sustancias, tales como sales inorgánicas, azúcares y aniones orgánicos, y constituye un medio en el cual tienen lugar todas las reacciones bioquímicas. El agua, en su forma líquida, permite la difusión y el flujo masivo de solutos y, por tal motivo, resulta esencial para el transporte y la distribución de nutrientes y metabolitos por toda la planta. El agua también es vital en las vacuolas de las células vegetales, al ejercer presión sobre la pared celular, manteniendo así la turgencia en hojas, raíces y otros órganos de la planta. Por ser el agua un componente mayoritario en las plantas (un 80-90 % del peso fresco en cultivos herbáceos y superior al 50 % de las partes leñosas), influye directa o indirectamente sobre la mayoría de los procesos fisiológicos vegetales.

El agua es una sustancia química esencial para la supervivencia y el crecimiento de las plantas. El flujo hídrico se inicia en el suelo y de ahí es absorbida por las especies vegetales a través de las raíces, desde donde asciende primero al tallo y luego accede a las hojas, pasando, por último, al aire bajo forma de vapor (transpiración vegetal). Dicho flujo puede ser explicado sobre la base de la existencia de unos gradientes de potencial hídrico (~) a lo largo de la ruta o vía. Se producirá de modo espontáneo si ~ en la raíz es menor que ~ suelo.

Un déficit hídrico en la planta ocasiona:

- Reducción en el crecimiento vegetal.
- Síntesis de materiales de la pared celular.
- División celular.
- Desarrollo y morfología vegetal.
- Reducción de reproducción vegetativa.
- Más absorción de hojas y frutos.
- Que se reduzca el tamaño de las hojas.

- Desarrollo reproductor.

- Cierres de los estomas.

- Disminución en la tasa de transpiración y de absorción de CO_2.

- Que la fotosíntesis pueda ser afectada como consecuencia de los efectos directos que se ocasionan sobre los procesos enzimáticos, en el transporte de sustancias electroquímicas y el contenido de clorofilas.

- Que se induzca la trascripción de ARN mensajeros.

1.5.2. Acción de temperaturas extremas (frío-calor)

El efecto de los fríos intensos en las plantas dependerá de si estas están o no en su periodo de reposo vegetativo. En el primer caso (invierno), la mayoría de las especies autóctonas españolas resistirían las más bajas temperaturas y no sufrirían daños, mientras que para el segundo caso (heladas de primavera u otoño) sí se producirán daños vegetales y estos dependerán de la mayor o menor sensibilidad al frío de las especies.

Entre las variables físicas que influyen sobre la producción vegetal, está la temperatura (calor-frío). Prácticamente casi todos los procesos bioquímicos de la fisiología de las plantas (respiración, fotosíntesis, transpiración, etc.) están influenciados por ella, ya que afecta sobre aspectos tales como la permeabilidad celular, estabilidad enzimática, traslocación de líquidos, etcétera.

Cualquier planta crece y se desarrolla más o menos en relación al rango de temperaturas bajo el cual habita, de tal modo que cuando este se aproxima hacia los valores más óptimos de aquella, se hiperactiva la fisiología vegetal, sucediendo todo lo contrario (ralentización) cuanto más difieran entre sí. En relación a esto, se define la temperatura vegetal mínima, óptima y máxima, donde la primera se corresponde cuando una planta está inactiva y detiene su crecimiento, la segunda si alcanza un gran desarrollo y la última vuelve a producir una paralización vegetal por elevadas temperaturas. La gran mayoría de las plantas podrían desarrollan su ciclo vegetal en rangos amplios de temperaturas, con unos valores extremos entre 0 °C y 40 °C. Los valores de temperatura dentro de los cuales hay crecimiento vegetal se denominan rango de tolerancia.

Entre los daños más habituales en árboles forestales debidos al calor o frío, están las fendas radiales por heladuras y las grietas por insolación excesiva.

1.5.3. Suelos ácidos o alcalinos y desequilibrios nutricionales

El desarrollo de las plantas dependerá de la presencia en el suelo de una serie de macronutrientes, tales como calcio, fósforo, magnesio, nitrógeno y potasio, y de otra de micronutrientes, entre los que destacan azufre, boro, cinc, hierro, manganeso, etc. Cuando alguno de dichos elementos falta o su proporción está por debajo de la cantidad que necesitan las plantas, estas experimentan ciertas anomalías en su crecimiento. Una falta general de nutrientes minerales conduce al deficiente desarrollo de todos los órganos vegetales y las plantas adquieren los portes enanos característicos de terrenos pobres, degradados y pedregosos.

El suelo sirve de soporte a la cubierta vegetal y actúa como una reserva de agua y nutrientes minerales para las plantas. El efecto más común de la salinidad sobre las plantas es que reduce su desarrollo vegetal debido a disminuir el potencial osmótico e hídrico en el suelo, a una toxicidad específica por absorción excesiva de iones Na^+ y Cl^-, un desequilibrio nutricional debido a la interferencia de dichos iones con los nutrientes esenciales, así como por la combinación de todos estos efectos. Recopilando, la presencia de sales disueltas puede producir que la planta disminuya su capacidad radicular para poder absorber agua y nutrientes minerales en el suelo.

Los nutrientes minerales absorbidos por las plantas obedecen generalmente al siguiente orden decreciente:

- Aniones: $NO_3^- > Cl^- > SO_4O_2^- > H_2PO_4^-$
- Cationes: $NH_4^+ > K^+ > Mg^{2+} > Ca^{2+}$

El nitrógeno es un elemento mineral indispensable para formar los aminoácidos, las proteínas, enzimas y los ácidos nucleicos que necesita una planta en crecimiento vegetativo (producción de masa foliar). El fósforo participa en el metabolismo energético vegetal (ATP y NADPH) y forma parte de las moléculas y estructuras celulares de la planta. El potasio cumple diversas funciones vegetales: regula ósmosis y pH, activa enzimas, participa en fotosíntesis (ATP), etcétera.

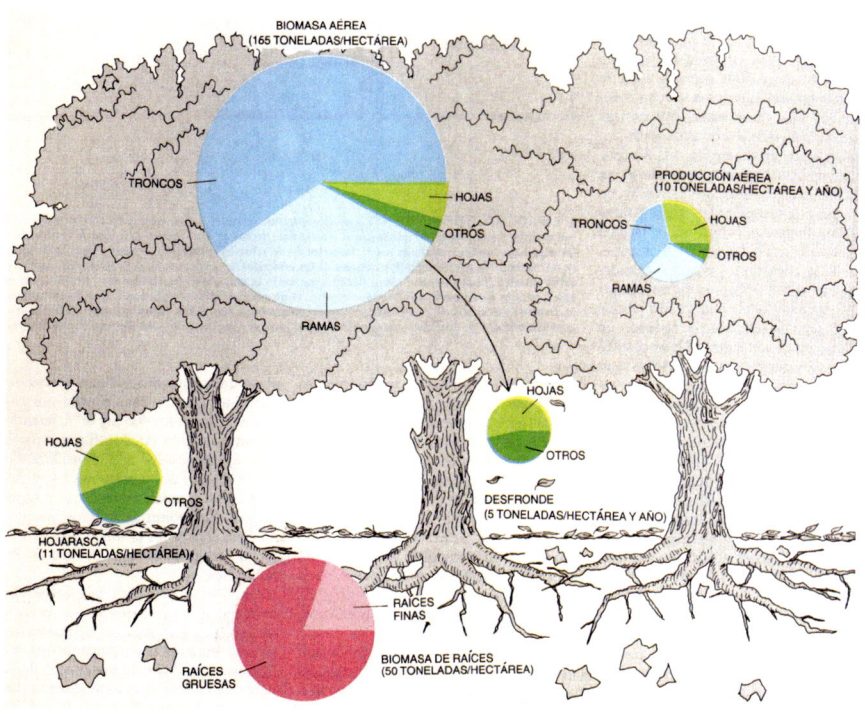

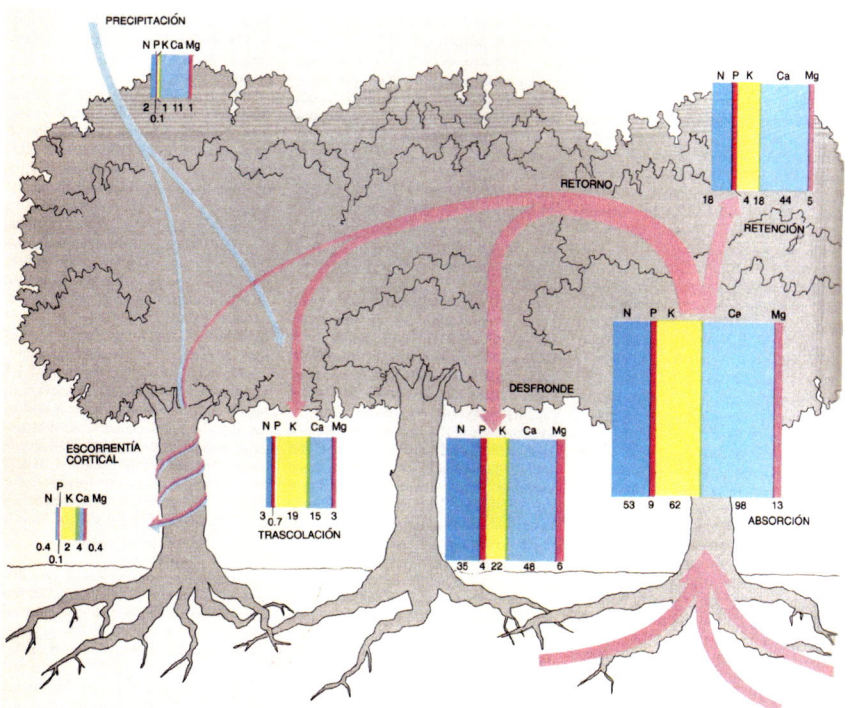

Figuras 1.62-1.63. Biomasa y ciclo de nutrientes en un encinar.

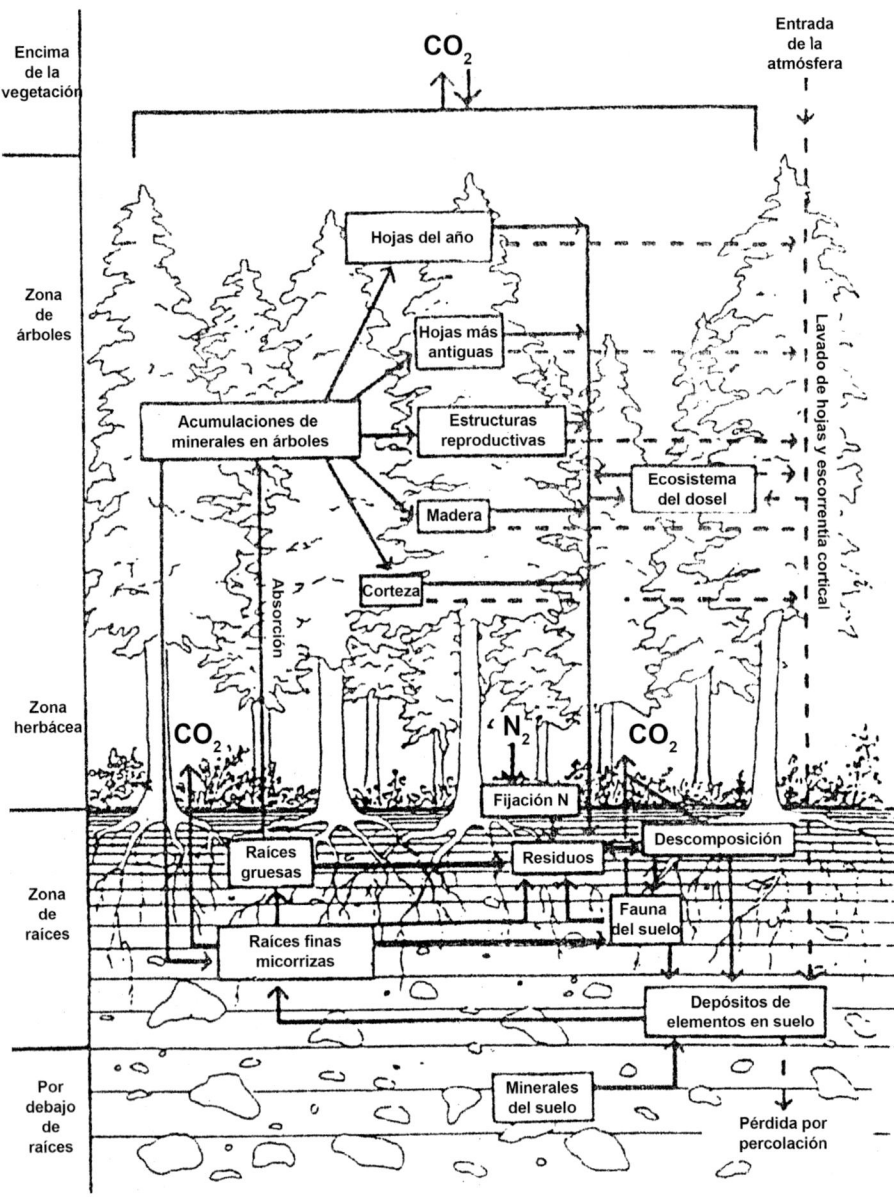

Figura 1.64. Circulación y balance de nutrientes en un bosque de coníferas.

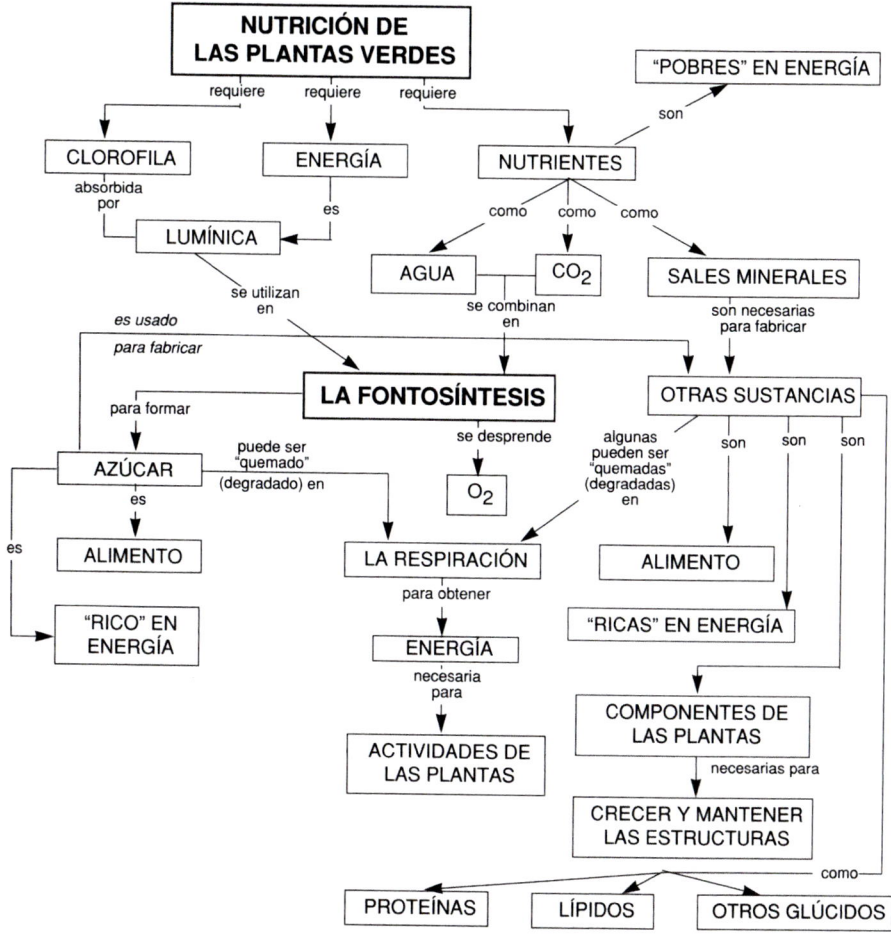

Figura 1.65. Esquema sobre la nutrición de las plantas verdes.

Tabla 1.1. Funciones de los macroelementos en las plantas

ELEMENTO MINERAL	FUNCIÓN
Nitrógeno (N)	Crecimiento y desarrollo vegetal
Fósforo (P)	Desarrollo de raíces y floración y cuajado de los frutos
Potasio (K)	Aporta rigidez a los tejidos de sostén de las plantas. Interviene durante la fructificación
Magnesio (Mg)	Esencial para la fotosíntesis. Forma parte de la clorofila, enzimas y vitaminas de la planta
Calcio (Ca)	Elemento estructural de paredes y membranas celulares
Azufre (S)	Elemento esencial de aminoácidos, proteínas y vitaminas

Tabla 1.2. Funciones de los principales microelementos en las plantas

ELEMENTO MINERAL	FUNCIÓN
Hierro (Fe)	Esencial para la fotosíntesis. Es componente de las enzimas
Zinc (Zn)	Formación de auxinas (hormonas) y carbohidratos
Manganeso (Mn)	Esencial para la fotosíntesis, interviniendo en la síntesis de clorofila
Molibdeno (Mo)	Favorece la fijación de nitrógeno y sintetiza las proteínas
Boro (B)	Juega un importante papel en la floración y la formación de frutos, así como en la división celular
Cloro (Cl)	Beneficia el crecimiento radicular y aéreo (yemas) de la planta

1.5.4. Falta o exceso de luz solar

Las plantas toman del aire que las rodea el dióxido de carbono que necesitan para llevar a cabo la fotosíntesis, durante este proceso expulsan o liberan oxígeno al medio atmosférico. La luz juega un papel fundamental en el crecimiento y desarrollo de las plantas. Además de la fotosíntesis, hay tres procesos importantísimos que afectan al crecimiento y desarrollo vegetal que dependen de la luz: los mecanismos de fototropismo, de fotoperiodo y la fotomorfogénesis.

La luz solar influye directamente sobre las plantas a través de dos parámetros básicos: la cantidad que se recibe de luz y la duración de los días. La fotosíntesis aumenta conforme lo hace la intensidad lumínica hasta llegar a un cierto valor óptimo, a partir del cual vuelve a disminuir aunque la planta siga recibiendo más luz. Atendiendo a esto, los vegetales podrían ser clasificados en plantas de solana y de umbría, donde las primeras alcanzarían su valor óptimo de actividad fotosintética con una intensidad lumínica elevada, como por ejemplo, son la mayoría de los cultivos agrícolas (exteriores o a la intemperie), mientras que a las otras les podría perjudicar una luz intensa (helechos). Las plantas denominadas de interior (*Alocasia*, *Philodendron*, etc.) coincidirían con este último tipo. Un exceso de luz solar puede producir también anomalías vegetales.

Por otro lado, la duración diaria de la iluminación interviene sobre distintos procesos vegetales, como la floración o el crecimiento, condicionándolos de sobremanera. Se llama fotoperiodo a la reacción de las plantas frente a la duración día/noche. Atendiendo a esta característica, puede realizarse la siguiente clasificación:

- Plantas de día corto: las que para florecer necesitan un periodo de luz natural inferior a las 14 horas diarias.

- Plantas de día largo: ídem pero superior a las 14 horas diarias.

- Plantas fotoperiódicamente neutras: cuyos ciclos biológicos no son sensibles a las horas diarias de luz y oscuridad.

1.5.5. Influencia de la fisiología vegetal

El desarrollo vegetativo determina la forma y el comportamiento general de la planta, de tal modo que tiene una influencia decisiva sobre la cantidad y calidad producida de frutos, así como en las prácticas culturales. Pero para ello resulta fundamental el conocimiento de las señales que lo regulan. El crecimiento y desarrollo de las plantas está regulado por cierto número de sustancias químicas, cuyo conjunto ejerce una compleja interacción para cubrir sus necesidades básicas. Han sido establecidos cinco grupos de hormonas vegetales:

- Auxinas: favorecen la elongación de las células mediante procesos de relajación de la pared celular.

- Giberelinas: afectan a la elongación de los tallos.

- Citoquininas: regulan la división celular.

- Ácido abscísico: afecta sobre los procesos de senescencia y abscisión (caída de hojas y frutos, etcétera).

- Etileno: afecta sobre la maduración de los frutos.

Las sustancias de este tipo están ampliamente distribuidas en todas las plantas vasculares y son específicas en cuanto a su acción. Las hormonas vegetales ejercen su actividad a muy bajas concentraciones y regulan el crecimiento de las células, la división y la diferenciación celular, así como la organogénesis, la senescencia y el estado de latencia de las plantas.

El desarrollo de la planta se caracteriza por la división, el alargamiento y la diferenciación celular. Todos estos cambios están regulados de una forma compleja, donde participan cuatro factores principales:

- La planta capta señales ambientales y responde frente a ellas.

- El genoma de la planta codifica enzimas que catalizan las reacciones bioquímicas del desarrollo, las cuales incluyen las que fabrican hormonas, de receptores, participan en la síntesis de proteínas y en el metabolismo energético.

- La planta utiliza receptores que detectan señales ambientales, como son, por ejemplo, los fotorreceptores que captan la luz.

- Las hormonas vegetales median sobre los efectos de cada señal ambiental captada por los receptores.

Cuando una semilla sale de su estado de latencia, germina y se transforma en una plántula *in crescendo*. Para que su embrión comience a desarrollar la plántula, el estado latente de la semilla debe ser interrumpido por factores físicos, como es, por ejemplo, la exposición a la luz, un proceso de abrasión mecánica de la testa o un lavado hídrico de los inhibidores de crecimiento. A medida que la semilla germina, primero absorbe agua, lo que desencadena una serie de reacciones bioquímicas que movilizan las reservas de grasas, polisacáridos y proteínas. Los fotorreceptores y las hormonas regulan el desarrollo vegetal.

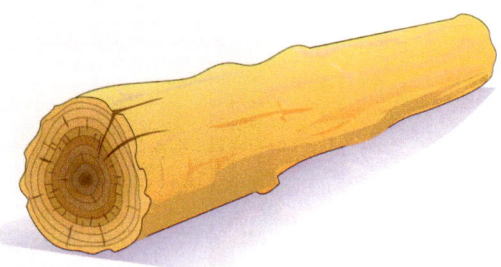

Figuras 1.66. Fendas de heladura en la madera.

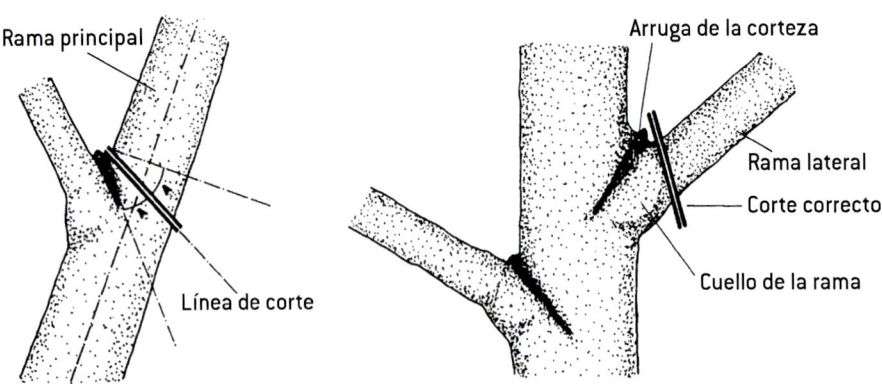

Figura 1.67-68. Poda de ramas.

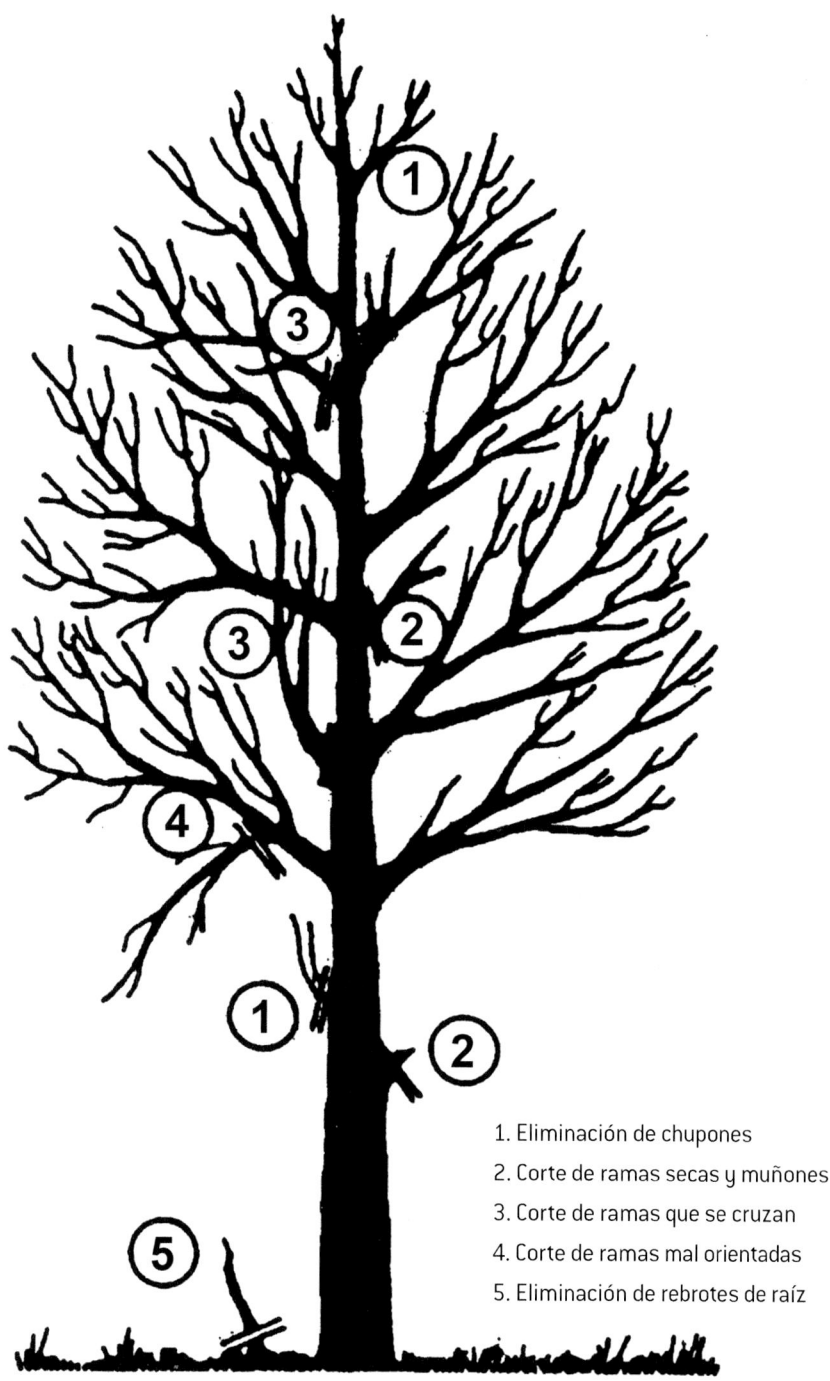

1. Eliminación de chupones
2. Corte de ramas secas y muñones
3. Corte de ramas que se cruzan
4. Corte de ramas mal orientadas
5. Eliminación de rebrotes de raíz

Figura 1.69. Limpieza en árboles.

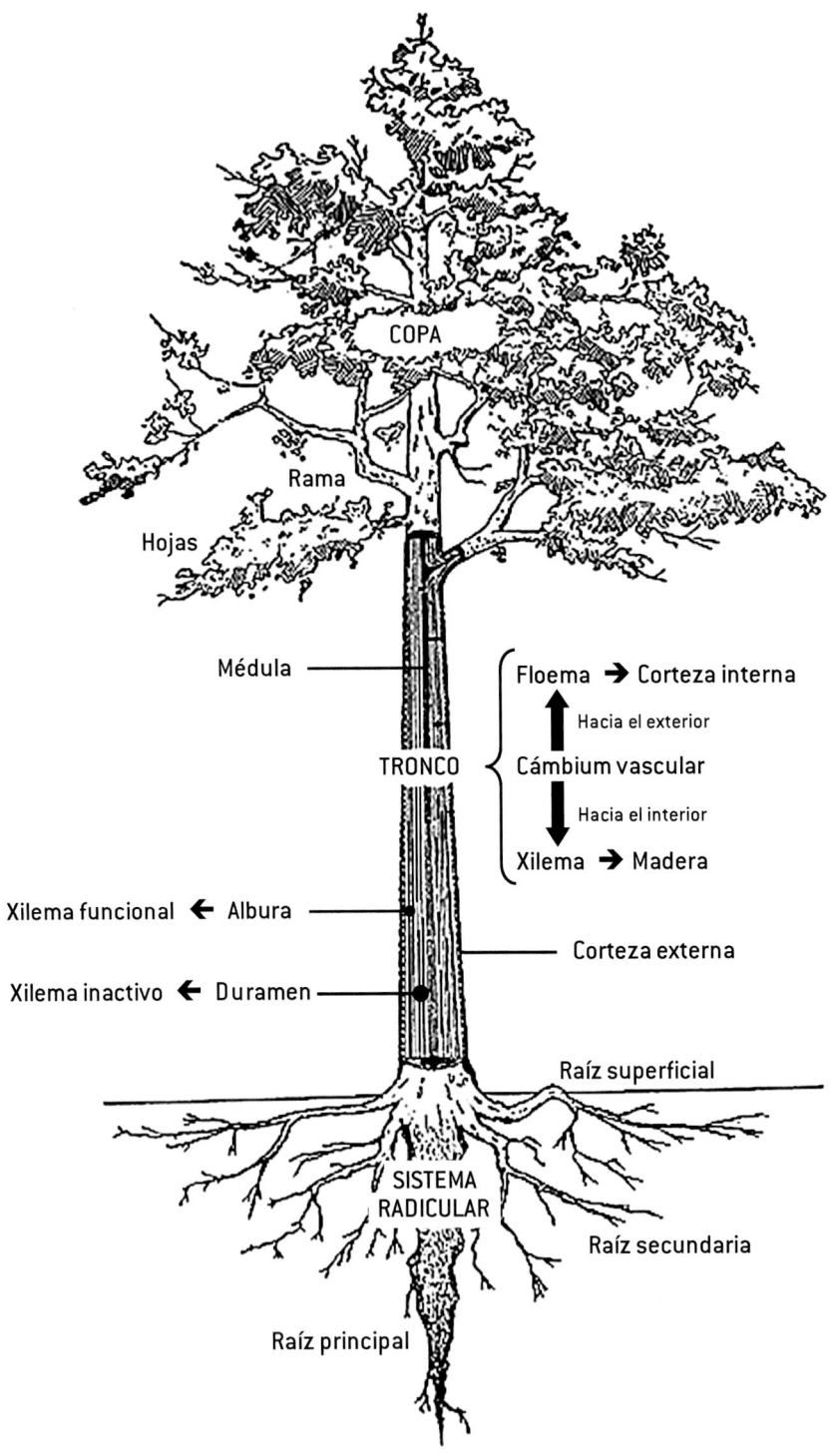

COPA

Rama

Hojas

Médula

TRONCO

Floema → Corteza interna

Hacia el exterior

Cámbium vascular

Hacia el interior

Xilema → Madera

Xilema funcional ← Albura

Corteza externa

Xilema inactivo ← Duramen

Raíz superficial

SISTEMA
RADICULAR

Raíz secundaria

Raíz principal

Figura 1.70. Estructura de un árbol.

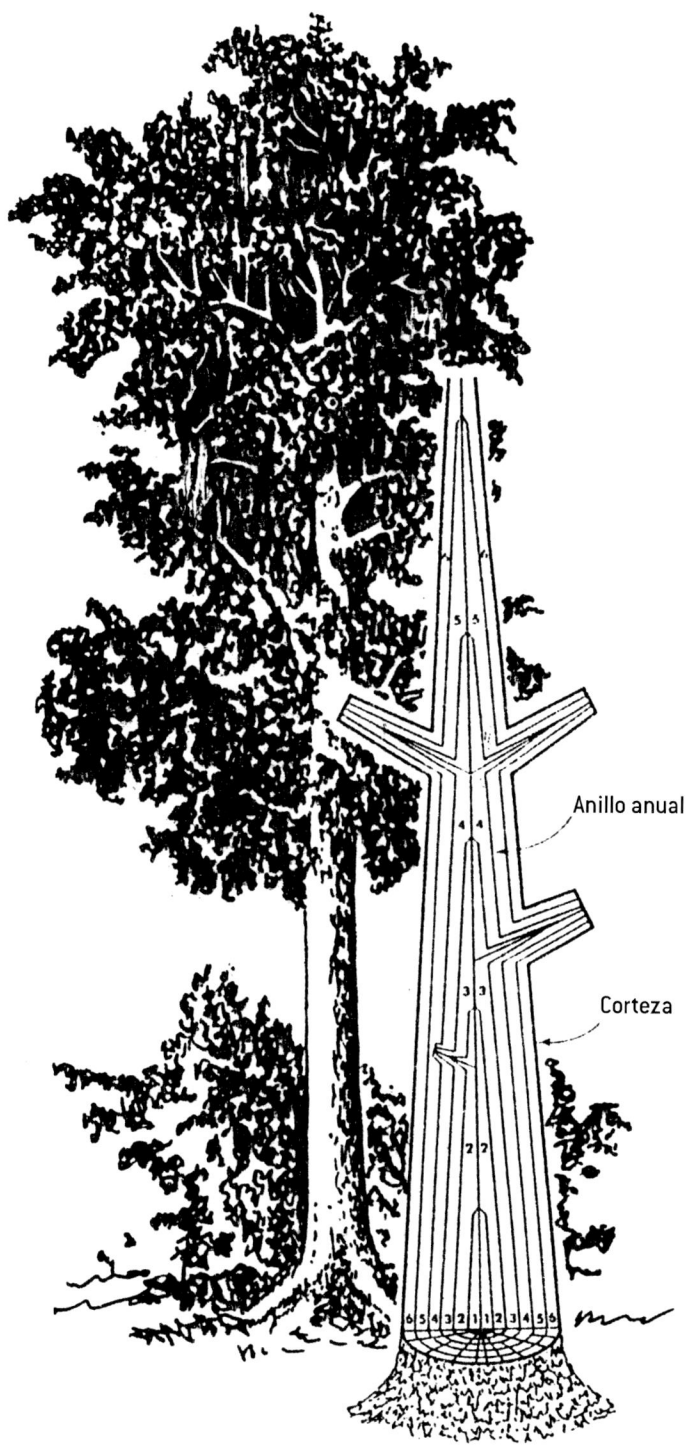

Figura 1.71. Sección longitudinal media de un árbol mostrando los anillos de crecimiento.

RECUERDA...

Sobre la sanidad vegetal

La **sanidad vegetal** se define como el conjunto de técnicas agronómicas que posibilitan la conservación de las plantas y sus productos derivados (flores, frutos, etc.) bajo un estado de salud libre de plagas animales (insectos, ácaros, caracoles, roedores, lagomorfos, etc.) y vegetales («malas hierbas») o agentes patógenos (virus, bacterias, hongos y nematodos), así como de daños abióticos (pH desfavorable, medio salino...).

Un **tratamiento químico fitosanitario** puede realizarse, principalmente, por espolvoreo (partículas finas de polvos), pulverización (microgotas) o fumigación (humo, gas o vapor).

Sobre los parásitos que afectan a los cultivos agroforestales

Una **plaga** es cualquier agente biótico que interfiere de forma perjudicial y con carácter agresivo sobre la salud vegetal de un cultivo agroforestal, dando lugar a pérdidas económicas.

Por su importancia en agricultura, jardinería y gestión de montes, destacan las **plagas de insectos y de ácaros fitófagos**, debido a su rápida proliferación de individuos.

La **causa de una enfermedad vegetal** se produce al interactuar varios factores: un agente patógeno (virus, bacteria u hongo), una planta susceptible y un determinado medio ambiente.

Para cada cultivo agroforestal se debe conocer qué plantas actúan como **«malas hierbas»** y cuáles no, controlándose su erradicación de forma justificada en un determinado lugar y durante un instante de tiempo definido.

ACTIVIDADES PROPUESTAS

1.1. ¿Por dónde circula la savia bruta? ¿Y la savia elaborada?

1.2. ¿Qué diferencia básica distingue los vasos del xilema respecto de los del floema?

1.3. Según el tipo de agente causante, los daños que se ocasionan en las plantas cultivadas pueden ser clasificados en:

a) Animales y hongos.

b) Plagas y enfermedades.

c) Microscópicos y macroscópicos.

d) Parasitarios y simbiontes.

1.4. Los daños ocasionados por la vegetación espontánea sobre un cultivo agrícola son debidos, entre otros motivos, a la competencia por la luz, el agua y los nutrientes:

a) Verdadero.

b) Falso, ya que no provocan daño alguno.

1.5. Crucigrama de investigación sobre biología vegetal.

Horizontales

1. Compuesto químico que se encuentra en los organismos vivos.

3. Organismos capaces de sintetizar todas las sustancias esenciales para su metabolismo. Organismos que deben alimentarse con las sustancias orgánicas sintetizadas por otros organismos.

5. Pigmento que da su tono verde a las plantas y a la vez es la encargada de aprovechar la energía solar, ayudando así a la fotosíntesis.

6. Proceso bioquímico por el que las plantas, aprovechando la energía solar, transforman el agua y las sustancias minerales del suelo en biomoléculas.

7. Nombre de cada una de las dos células que permiten que los estomas se abran o cierren en función de la cantidad de agua que necesitan perder en la transpiración, la cantidad de gases que necesitan del exterior...

8. Relativo a la ósmosis.

10. Cubierta fina e impermeable que protege las hojas de las pérdidas de agua y picaduras de ciertos insectos.

13. Conjunto de vasos vegetales que transportan savia elaborada desde las hojas hasta el resto de la planta.

15. Tejido conductor a través del que asciende la savia bruta.

18. Parte plana y visible de la hoja.

20. Compuesto químico que constituye un 70 % del almidón.

Verticales

8. Orgánulo de las células vegetales que contiene la clorofila y en el cual se realiza la fotosíntesis.

9. Pequeños orificios o válvulas que se encuentran en la parte inferior de la hoja a través de los cuales se produce la transpiración de las plantas y el intercambio de gases.

11. Biomolécula producida en la fotosíntesis.

13. Materia que resulta de la transformación de la materia orgánica y que forma la parte superior del suelo.

16. Rabillo que une la lámina de una hoja al tallo.

23. Orgánulos de las células donde se realiza la respiración.

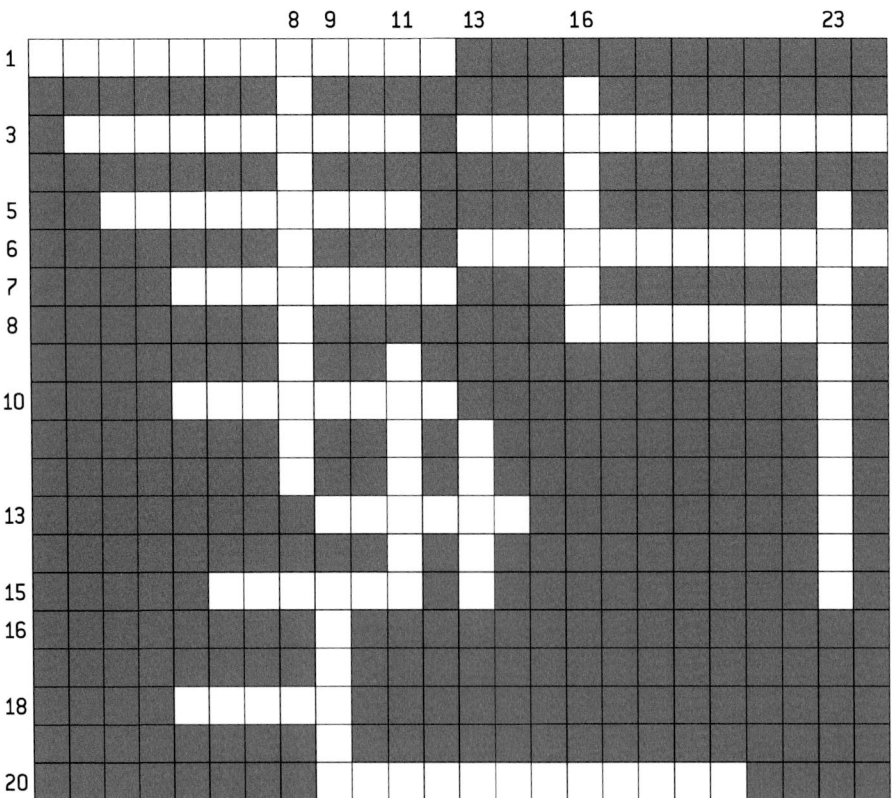

Anejo I. Importancia de los hongos en el medio forestal

I.1. Micología básica

En el ámbito de la biología, el término latino *fungi* (literalmente 'hongo') se refiere a un grupo de organismos eucariotas entre los que se hallan los mohos, las levaduras y los hongos que forman setas o trufas, quedando clasificados bajo un reino (Fungi) distinto al resto de seres vivos eucariontes: protistas, plantas y animales, por tener comportamientos en sus fases o ciclos de vida que unas veces parecen animales y otras vegetales. El reino Fungi está formado por un grupo diverso de organismos unicelulares o pluricelulares que se alimentan absorbiendo directamente los nutrientes.

Entre las características principales de los hongos está el que son organismos eucariotas, es decir, formados por células cuyo interior se compone de un citoplasma organizado dispuesto entre una membrana externa (citoplasmática) y otra interna (nuclear) que contiene al núcleo donde se ubica el material genético. Son seres heterótrofos que se alimentan por absorción, almacenan la glucosa formando glucógeno y presentan quitina en sus paredes celulares. Las esporas, o unidades reproductoras de los hongos, pueden ser unicelulares o pluricelulares, móviles (zoosporas) o inmóviles, y sexuales o asexuales, no presentando distinción entre masculinas y femeninas, ya que son sus núcleos los encargados de dar una polaridad u otra (positiva o negativa).

Respecto a su morfología, los hongos pueden ser organismos unicelulares, como las levaduras, o pluricelulares (filamentosos), cuyo último tipo se clasifica según dos grandes grupos: hongos inferiores y hongos superiores. Los primeros, por así decirlo, forman solo micelio o moho, y toman un cromatismo específico cuando producen sus esporas, como por ejemplo, el color azul-verdoso que produce el moho de la naranja. Los hongos que se consideran superiores pueden formar moho o micelio y setas o cuerpos fructíferos.

En cuanto a sus necesidades nutritivas, las especies fúngicas toman materia orgánica elaborada, que puede provenir de restos orgánicos en descomposición (saprobios), un ser vivo animal o vegetal, viviendo a sus expensas y causándoles daños e incluso la muerte (parásitos), o de la simbiosis con algunas plantas (micorrizas) o algas (líquenes). Los hongos acceden a los nutrientes que necesitan liberando enzimas al medio bajo un ambiente húmedo para descomponerlas en moléculas más simples, que posteriormente son absorbidas a través de la pared celular. Para poder llevar a cabo una vía metabólica de los nutrientes por oxidación, como lo es la glucólisis, participa la cadena de respiración fúngica, debido a lo cual predominan los hongos aeróbicos, es decir, aquellos que necesitan vivir bajo un ambiente oxigenado. También hay otras especies de hongos, como las levaduras, que obtienen su energía vital de la glucosa mediante un proceso anaeróbico o fermentativo, es decir, sin la presencia de oxígeno. Esta habilidad no quiere decir que no puedan crecer ni desarrollarse si el medio contiene oxígeno, pero sus vías metabólicas están adaptadas a un ambiente sin dicho elemento químico. Debido a ello, las fermentaciones anaeróbicas dan lugar a metabolitos de tipo secundario, como por ejemplo, es el alcohol natural en la elaboración de vinos o cervezas, un desecho resultante de metabolizar la glucosa de las uvas o los granos de cereal (arroz-sake, cebada, trigo...), respectivamente, y que llevan a cabo diversas levaduras.

En los hongos, la reproducción puede ser de dos tipos distintos: asexual y sexual. A aquellas especies que solo presentan reproducción asexual se las engloba dentro de los hongos imperfectos, reservando el de hongos perfectos para cuando sí hay reproducción sexual. Dentro de los hongos no filamentosos de reproducción asexual están las levaduras, que se reproducen por gemación (mitosis), es decir, cada célula madre produce una división de su citoplasma, pared celular y núcleo, dando lugar a otra célula exacta o copia de sí misma. En los hongos filamentosos pueden darse los dos tipos de reproducción: sexual y asexual, siendo típico de la división zigomicetos, como por ejemplo, el moho negro del pan (*Rhizopus nigricans*). También puede ser solo asexual como en la clásica división de hongos imperfectos o deuteromicetos (*Trichoderma* spp.), asexual o sexual en un mismo tipo de hongo, típico de la división ascomicetos (*Morchella* spp.), o totalmente sexual como en basidiomicetos (*Agaricus* spp.).

La seta solo es el cuerpo fructífero y la parte visible de un hongo, cuya función es producir esporas para su reproducción. La zona fértil se llama himenio, que para una seta de sombrero (basidiomicetos) puede componerse de láminas, tubos o agujas. En estas zonas hay unas células reproductivas llamadas basidios, encargadas de producir las esporas. Los tipos de setas que adoptan una forma de plato, copa, colmena o patata, como la trufa, se llaman ascomicetas y reciben este nombre porque sus esporas, en vez de ser formadas por basidios, están contenidas en ascas, que son una especie de sacos pequeños dentro de la seta donde se forman aquellas.

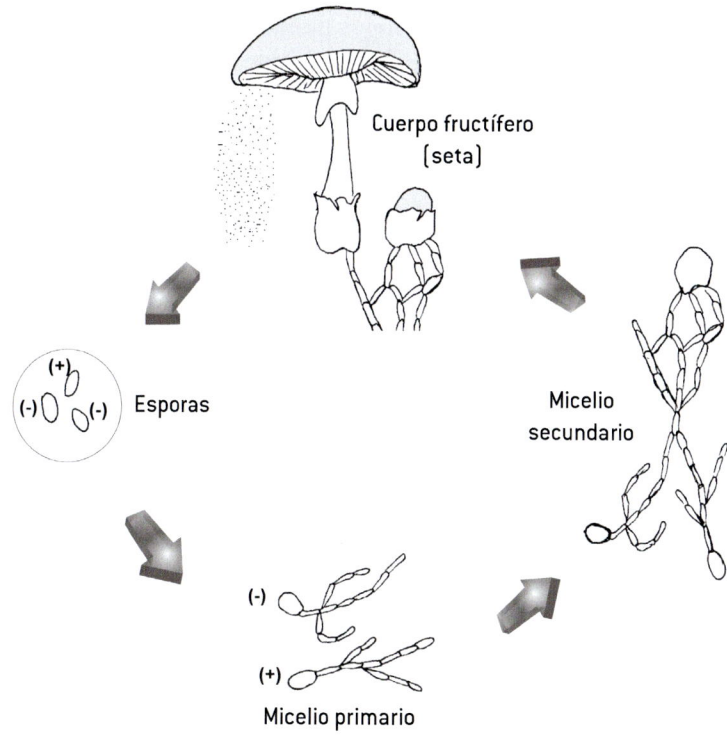

Figura I.1. Ciclo vital resumido de un hongo superior.

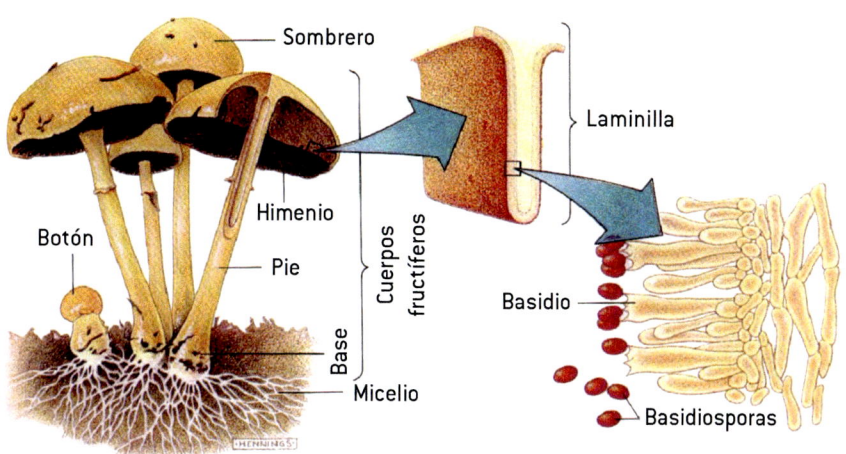

Figura I.2. Estructuras reproductoras de los basidiomicetos.

I.2. La madera y los hongos

La madera es un recurso natural cuya invasión por los insectos depende muy a menudo de un ataque previo por los hongos. La madera de un árbol encierra sustancias (resinas, fenoles, terpenos, alcaloides, etc.) que la hacen poco apetecible a muchos insectos. Los hongos pueden inactivar estos compuestos gracias a su completo equipo enzimático. Los hongos enriquecen el sustrato concentrando en su micelio elementos nutritivos muy poco abundantes en la madera, como el nitrógeno, el fósforo y el potasio. Un insecto debe consumir unas diez veces más de madera que de micelio para encontrar la misma cantidad de nitrógeno. La vida larvaria puede durar menos de la mitad en una madera que haya sido atacada por hongos que si se trata de madera intacta. En el medio forestal se distinguen cinco tipos distintos de ataque de la madera por los hongos, cuya degradación es llamada podredumbre:

- Podredumbre cúbica o parda: en este tipo de ataque fúngico a la madera, la celulosa es destruida y la lignina no. La madera se vuelve parda, deleznable y hendida según tres planos perpendiculares. Las hifas de los hongos alcanzan el xilema, pero lo modifican poco y causan alteraciones profundas a otras capas destruyendo su celulosa. Este tipo de podredumbre la originan algunas especies de los géneros *Polyporus* (*P. sulphureus*) y *Fistulina* (*F. hepatica* o lengua de buey).

- Podredumbre fibrosa o blanca: los hongos atacan la lignina por oxidación enzimática y lo que permanece de las paredes celulares toma una consistencia fibrosa y un color blanquecino, quedando la madera muy reblandecida. Como ejemplo podría citarse el *Fomes fomentarius* (hongo yesquero).

- Podredumbre alveolar: está caracterizada por la destrucción de la celulosa y de la lignina según los volúmenes tubulares dirigidos en el sentido de la madera que se ahueca con alveolos tapizados de micelio blanco. Ejemplos de hongos que la causan son *Stereum sanguinolentum* y *Ungulina annosa*.

- Podredumbre blanda: se debe a los hongos que no pueden atacar la membrana primaria, rica en lignina, y que se acantonan en la membrana secundaria, donde sus hifas van desarrollándose siguiendo el trayecto de las fibras helicoidales de la celulosa. La madera se ablanda y cuando se deseca se fisura según planos rectangulares. Los hongos de la podredumbre blanca suelen atacar la madera rica en agua o incluso saturada. Son frecuentemente los primeros en colonizar las maderas que hay en el suelo y están formados por especies de ascomicetos (*Alternaria* sp.).

- Azulado de la madera: está causado por hongos ascomicetos (*Ceratocystis*) que atacan sobre todo la madera de coníferas, habitando a expensas de las células vivas de su albura. La madera que se ve atacada por estos hongos posee una coloración característica, pero sus propiedades físicas no se ven muy modificadas.

I.3. Los hongos y el suelo

Los hongos constituyen los principales organismos, junto con las bacterias, para descomponer la materia orgánica, por lo que su ecología resulta ser de una gran importancia. Muchas especies fúngicas, durante su cometido de descomponer y alimentarse, causan enfermedades importantes a las plantas y los animales, donde una gran parte de aquellas llevan a cabo varias fases de su ciclo vital en el suelo y necesitan una serie de factores ambientales para poder desarrollarse satisfactoriamente.

Por lo tanto, el suelo es un medio complejo donde los organismos vivos que habitan en él «pelean» entre sí o se depredan unos a otros por ocupar un espacio y obtener unos nutrientes para poder sobrevivir. Otras veces, los hongos hacen asociaciones con especies de otros reinos, principalmente plantas o bacterias.

El estudio de los requerimientos físicos, químicos y biológicos de los hongos edáficos puede ayudar a entender sus comportamientos y a mejorar, por ejemplo, su manejo agronómico para poder luchar contra ellos respecto a las enfermedades que provocan en las plantas cultivadas.

I.4. El papel de los hongos en el medio agrícola o forestal

Los hongos tienen un papel muy destacado en el ecosistema forestal, principalmente debido a:

- Su riqueza en especies, ya que representan un elemento importante de la biodiversidad y se sitúan en segunda posición tras los insectos, en cuanto al número de las especies.

- Muchos hongos albergan una rica fauna de insectos que se alimentan de sus micelios.

- Algunos hongos, y en particular los basidiomicetos, como los géneros *Amanita*, *Boletus*, *Lactarius*, *Lepista*, *Russula*, etc., constituyen simbiosis con los árboles y arbustos, formando sobre las raíces las micorrizas que aportan a estos elementos nutritivos indispensables para su desarrollo vegetativo.

- Otras especies fúngicas, como el hongo yesquero, son parásitos que pueden matar los árboles vivos, en donde penetran a menudo como consecuencia de una herida.

- Muchas especies fúngicas actúan como agentes de diversas podredumbres que se alimentan de la madera muerta y aceleran el reciclado natural de los elementos minerales.

Entre los basidiomicetos lignícolas más comunes, podrían citarse a:

- *Pleurotus ostreatus* (seta de chopo): podredumbre blanca, sobre todo en haya o chopo.

- *Armillaria mellea* (armilaria de color miel): podredumbre blanca, especialmente sobre frondosas.

- *Fomes fomentarius* (hongo yesquero): podredumbre blanca de las especies frondosas.

- *Polyporus (=Laetiporus) sulphureus*: podredumbre cúbica en castaños.

- *Fistulina hepatica*: podredumbre cúbica sobre robles.

- *Ganoderma applanatum*: podredumbre blanca sobre haya.

- *Stereum sanguinolentum*: podredumbre blanca de las coníferas.

- *Trametes gibbosa*: podredumbre blanca sobre frondosas.

Junto con las bacterias, los hongos causan la putrefacción y descomposición de toda la materia orgánica. Hay hongos en cualquier zona donde haya otras formas de vida. Indiscutiblemente, la importancia de los hongos en la biosfera se debe a su carácter para descomponer la materia orgánica, sobre todo en los bosques. Reciclan los tejidos vegetales inertes (y no solo madera) con gran eficacia, regulan la liberación de nutrientes minerales y son esenciales para la supervivencia de plantas y animales.

Por desgracia, los hongos también descomponen madera de construcciones, postes, embarcaciones, etc., sobre todo si hay mucha humedad (destaca la podredumbre seca de *Serpula lacrymans*). Otros pueden además descomponer desde productos alimenticios hasta la materia más extraña, con más o menos componentes orgánicos: papel, emulsiones fotográficas, pintura, incluso discos compactos o papel pintado.

I.5. Importancia económica de los hongos

Gran importancia económica tienen también, tradicionalmente, numerosas especies de hongos microscópicos, esenciales para los procesos fermentativos en la elaboración de múltiples alimentos (queso, pan, vino, cerveza, etc.) o para la obtención de antibióticos, como la penicilina o la estreptomicina, de indudable importancia para la salud humana.

Además del vital papel ecológico que desempeñan en la naturaleza, y de su importancia como recursos potenciales para la elaboración de alimentos, los hongos resultan imprescindibles para obtener otros muchos productos aplicados a la vida cotidiana, como son medicamentos, insecticidas naturales, etc. Hoy día, la producción de setas comestibles posibilita que se puedan producir grandes cantidades de alimento en pequeños locales aplicando técnicas relativamente sencillas, a bajo costo, en cortos periodos de tiempo y, a veces, empleando residuos agroindustriales como substrato para su cultivo.

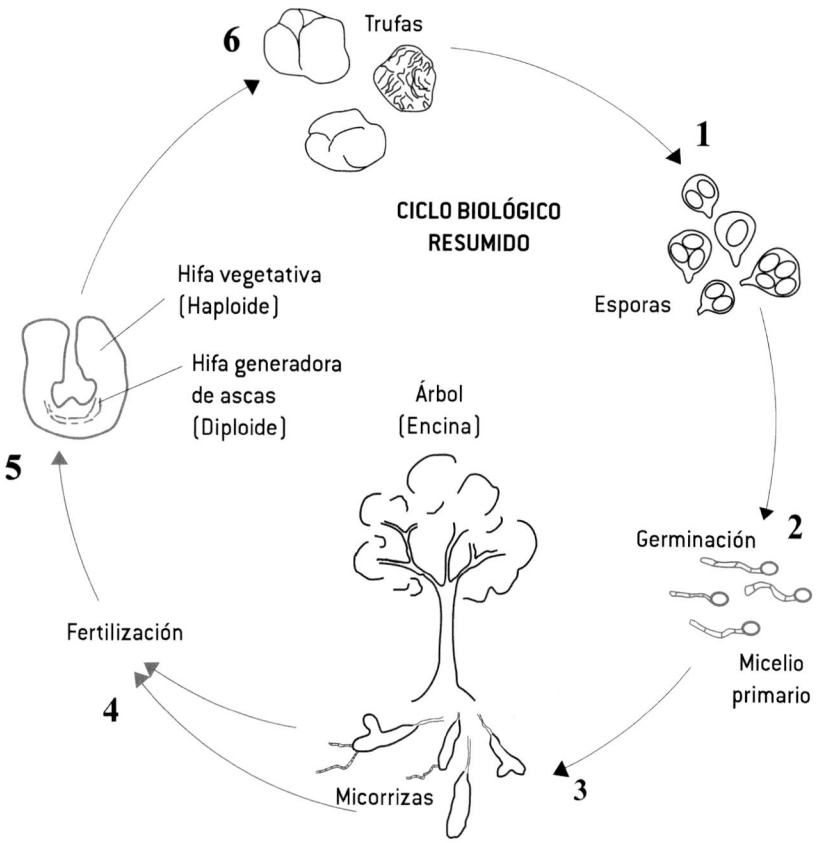

Figura I.3. Ciclo biológico resumido de las trufas (*Tuber*).

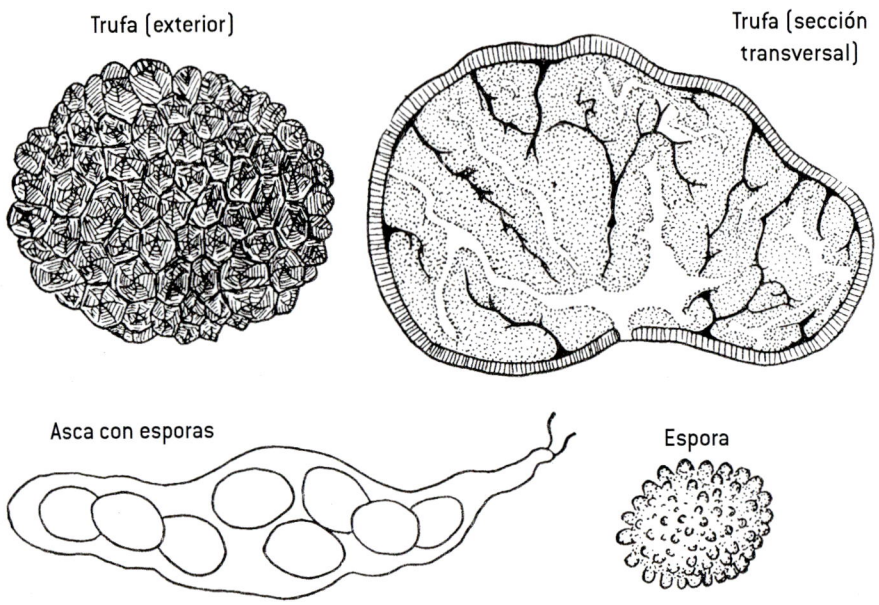

Figura I.4. Cuerpo fructífero y esporas de *Tuber* (trufas).

Figura I.5. *Fomes fomentarius* (hongo de la madera).

Figura I.6. *Trametes versicolor* (hongo de la madera).

Figura I.7. *Amanita caesarea.*

Figura I.8. *Amanita ponderosa:* gurumelo.

Figura I.9. *Lactarius deliciosus* (níscalo).

Figura I.10. *Pleurotus ostreatus.*

Figura I.11. *Lepista nuda* (pie azul).

2. Realización de trabajos auxiliares en la prevención y control de plagas, enfermedades y vegetación adventicia

Introducción

Los productos fitosanitarios están formados por sustancias químicas que se utilizan para combatir los agentes causantes de las plagas y enfermedades en las plantas, con el objetivo de conseguir una producción vegetal elevada en cantidad y calidad. Así, hay en el mercado fitosanitarios específicos para cada grupo de agente nocivo: insectos, bacterias, ácaros, hongos, etc. La presentación comercial de dichos productos es muy variada en cuanto a la forma física y al procedimiento de aplicación en campo. En este segundo capítulo se analizarán los productos y tratamientos fitosanitarios, así como su peligrosidad para la salud humana o el medio ambiente y los residuos generados por ellos.

Contenidos

Los productos fitosanitarios están en el mercado bajo forma sólida, líquida o gas, y, según esta distinción, pueden ser clasificados en tres tipos de tratamientos: espolvoreo, pulverización y fumigación.

2.1. Lucha química

Uno de los principales problemas con los que se han enfrentado las ciencias agrícolas y forestales desde todos los tiempos es la lucha contra las plagas y enfermedades de las plantas, cuya verdadera revolución vino con la **lucha química,** que ha permitido durante muchos años un sostenimiento y aumento de las producciones vegetales. Pero el abuso de dicho método de lucha trajo consigo graves consecuencias para el conjunto de seres vivos y el medio ambiente. Debido a esto, en las últimas décadas, ha surgido una gran preocupación por el uso de los productos fitosanitarios, llegando incluso a prohibirse su empleo general en algunos métodos de agricultura, como es la ecológica.

Actualmente, los productos fitosanitarios han de cumplir con ciertas normas y pasar una serie de controles exhaustivos, de tal forma que un uso correcto de los mismos no tiene que llevar aparejado un perjuicio medioambiental.

Entre los problemas más importantes generados por el uso de la lucha química podrían citarse:

- **Aparición de resistencias.** Es frecuente que al repetir las aplicaciones continuadas de un mismo plaguicida su efectividad contra determinadas plagas vaya disminuyendo, a pesar de ir aumentando la dosis, ya que la plaga va poniendo en funcionamiento determinados mecanismos biológicos que la irán haciendo cada vez más resistente a ese producto fitosanitario.

- **Aparición de otras plagas.** Cuando se altera el equilibrio natural de un ecosistema, por eliminar una población animal, se favorece la proliferación de otras especies que se pueden convertir en una nueva plaga.

- **Peligrosidad contra otros organismos,** ya que los plaguicidas no selectivos destruyen tanto las plagas como la fauna beneficiosa. Por otro lado, los residuos de los productos fitosanitarios pueden permanecer largo tiempo en el suelo y en la planta, incidiendo sobre la salud humana y/o animal.

Ante dichos problemas, es necesario establecer una serie de normas básicas a la hora de aplicar de forma correcta este tipo de productos:

- Efectuar tratamientos únicamente cuando sea necesario.

Figura 2.1. Aplicación manual de fitosanitarios.

Figura 2.2. Camión para tratamientos fitosanitarios.

- Elegir adecuadamente los productos fitosanitarios, y siempre que sea posible de baja toxicidad, selectivos y de bajo efecto residual.

- Seguir las recomendaciones indicadas en la etiqueta que lleva el producto que se quiere aplicar y realizar la consulta oportuna (personal técnico cualificado) cuando existan dudas.

- Aplicar la dosis recomendada en cada momento, pues una cantidad mayor no tiene por qué implicar más eficacia; por el contrario, acarrea resistencias y un aumento de producto residual.

- Aplicar el producto fitosanitario de forma correcta, con una maquinaria en buen estado y debidamente calibrada. Tener en cuenta las causas de derivas y no realizar nunca la limpieza de los tanques en cursos de agua.

- Aplicar el producto en el momento adecuado respetando los plazos de seguridad.

- Llevar un control de la evolución de las plagas y enfermedades.

En el sistema de producción integrada, la lucha química pierde su efectividad, ya que solo pueden utilizarse productos de baja toxicidad, muy específicos y con corto plazo de seguridad.

Un programa de lucha química solo deberá ser efectuado cuando los factores de control de los fitófagos o patógenos resulten ser ineficaces. Las aplicaciones de insecticidas o fungicidas han de ser muy localizadas, por ejemplo, pulverizando solamente la cima o copa de los pinos jóvenes para protegerlos de una plaga o enfermedad, o rodeando el tronco de los pinos con bandas pegajosas e impregnadas de insecticida, cuya finalidad será capturar las orugas que trepan por los troncos cuando salen de la hibernación.

2.2. Productos fitosanitarios: descripción y generalidades

Las aplicaciones fitosanitarias son una práctica muy común e imprescindible para el control de numerosas plagas y enfermedades de las plantas cultivadas, que de no ser por ellas causarían importantes pérdidas en las cosechas vegetales.

El uso de agroquímicos no está exento de riesgos para el ser humano, ya que se aplican de forma directa sobre productos vegetales que, tras recolectarse, pasan a formar parte del consumo alimentario. Además, también pueden repercutir negativamente tanto en la fauna que habita en lugares próximos a donde se ha realizado un tratamiento fitosanitario como en los recursos hídricos (agua subterránea) y el propio suelo (contaminaciones). No obstante, todos estos efectos pueden reducirse si el tratamiento se realiza de una forma correcta y responsable y siguiendo unas normas básicas de seguridad.

2.2.1. Descripción

La Ley 43/2002, de sanidad vegetal, define los productos fitosanitarios como sustancias activas o preparados que las contengan (una o más), cuya presentación se realiza bajo la misma forma en que son ofrecidos para ser distribuidos a los usuarios, quienes los destinan a proteger los cultivos agrícolas de las plagas o evitar su aparición, conservar los productos agroalimentarios, destruir las malas hierbas o influir en procesos vegetales de forma diferente a como actúan los nutrientes. Los componentes de un producto fitosanitario son:

a) Ingrediente activo técnico:

Es la parte del producto que actúa directamente contra las plagas, enfermedades y malas hierbas. Pueden ser productos orgánicos o inorgánicos, bien naturales o de síntesis.

En la etiqueta de cualquier producto fitosanitario debe aparecer, obligatoriamente, la cantidad de ingrediente activo que incorpora, expresada en tanto por ciento respecto al total. El ingrediente activo se puede presentar en la etiqueta de un producto bajo tres formas diferentes:

- Con su nombre común: es el más empleado y aparece para simplificar el nombre químico.

- Bajo su nombre técnico-químico.

- Con su nombre comercial: el que asigna el fabricante al producto ya elaborado.

b) Ingredientes inertes:

Productos que se añaden al fitosanitario pero que no tienen efecto alguno contra la plaga o enfermedad. Su función principal es facilitar su dosificación y aplicación, así como mejorar el reparto del ingrediente activo y disminuir su acción tóxica para el aplicador, al quedar este diluido. Pueden ser sólidos o líquidos.

Figura 2.3. Envase de un producto químico etiquetado.

Figura 2.4. Fungicida-bactericida preventivo de amplio espectro (SC).

Figura 2.5. Producto fitosanitario fungicida y bactericida.

Figuras 2.6-2.7. Productos fitosanitarios fungicidas.

c) Aditivos:

Sustancias que no tienen efecto sobre la eficacia de los fitosanitarios, pero que se utilizan durante su elaboración para dotar a los productos de otras características, como por ejemplo, color y olor, de tal forma que sean reconocibles para personas y animales, evitando así posibles accidentes por su ingestión. Su adición al producto es un requisito legal.

d) Coadyuvantes

Son sustancias que se añaden al resto de los componentes que llevan los fitosanitarios con el fin de modificar positivamente alguna de sus características físico-químicas. Los coadyuvantes más empleados son los tensoactivos (favorecen la mezcla de aceite y agua), adherentes (aumentan la viscosidad del producto), mojantes (aumentan la superficie de contacto), dispersantes (aumentan la homogeneidad del producto) y estabilizantes (protegen el ingrediente activo de la degradación por factores ambientales).

2.2.2. Generalidades

Formas de presentación

Los productos fitosanitarios están en el mercado bajo forma sólida, líquida u otras (gas, aerosol, tabletas fumigantes, etc.). Entre los más empleados en agricultura y selvicultura, destacan:

a) En forma sólida:

- Polvo: se presenta seco para espolvorear directamente sobre las plantas. No es necesario mezclarlo ni diluirlo. En este tipo de producto, la concentración de ingrediente activo suele ser baja.

- Polvo soluble: se mezcla en agua, formando una disolución translúcida o transparente. El ingrediente activo queda totalmente disuelto en el agua.

- Polvo mojable: se mezcla con agua, pero no forman una verdadera suspensión, ya que al principio flotan pero luego decantan. La parte activa es insoluble o se diluye poco en el agua, que solo se usa para facilitar la distribución del producto.

- Cebos granulados: cuya finalidad es la ingestión de los gránulos por los enemigos naturales de los cultivos (utilizado directamente).

b) En forma líquida:

- Concentrado soluble: su ingrediente activo es un líquido soluble que forma una verdadera disolución con el agua. Suelen ser productos con bajas concentraciones de activo. Para mejorar su resistencia a la lluvia (lavado), este producto suele llevar coadyuvantes (mejoran el mojado de las hojas), adherentes (evitan lavados por lluvia) y colorantes (para no confudirlos con líquidos de uso doméstico).

- Concentrado emulsionable: en este caso la parte activa no se puede mezclar con el agua, formando una emulsión. El producto que se obtiene al mezclarlo con el agua es opaco y lechoso. Con el paso del tiempo, los dos líquidos inmiscibles entre sí, tenderán a separarse.

c) Otros:

- Bajo este grupo se incluyen aquellos presentados como gases, aerosoles o tabletas fumigantes (para ser mezcladas con agua, o bien quemadas para que luego actúe su humo). Este tipo de productos no suelen utilizarse habitualmente para el ámbito agrícola o forestal.

Todas las formulaciones quedan identificadas en la etiqueta mediante unos códigos constituidos por siglas. La Tabla 2.1 incluye a los fitosanitarios vistos anteriormente con sus respectivos códigos identificativos, tanto en el ámbito nacional como en el de la Unión Europea. Estos códigos aparecen sobre la etiqueta de los productos fitosanitarios, normalmente junto al código internacional.

Figura 2.8. Comercio destinado a la venta de productos fitosanitarios.

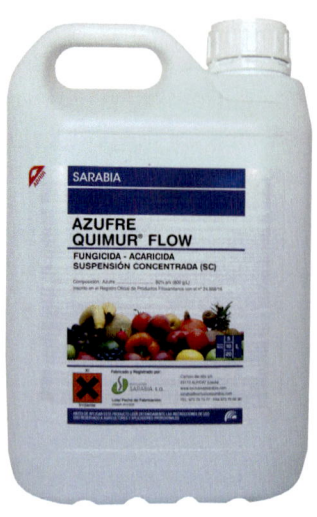

Figuras 2.9-2.10. Distintos envases de fitosanitarios. A la izq.: SC. Dcha.: WP.

Tabla 2.1. Códigos oficiales adoptados por España y la Unión Europea para designar los distintos tipos de formulaciones

Código España	Código UE	Forma de presentación
PE	DP	Polvo para espolvoreo
PS	SP	Polvo soluble
PM	WP	Polvo mojable
CG	CB	Cebos granulados
CS	SL	Concentrado soluble
CE	EC	Concentrado emulsionable
AS	AE	Aerosol
TF	FT	Tabletas fumígenas

2.2.3. Mecanismos de acción

Los productos fitosanitarios deben reunir dos características fundamentales: poder interaccionar con el organismo patógeno y perturbar alguno de sus procesos fisiológicos. El modo en que actúa un fitosanitario respecto a otro distinto, una vez aplicado el producto químico sobre la planta, suele ser muy diferente. Según sea su mecanismo de acción, los fitosanitarios pueden ser:

- **Sistémicos:** los que, una vez aplicado el producto, penetran en el vegetal y se incorporan a su savia, llegando así a todas las partes de la planta. Cuando se aplican al suelo, son absorbidos por las raíces y desde ahí llegan hasta el tallo y las hojas. Otra opción es aplicarlos directamente sobre las hojas, para luego pasar a las restantes partes de la planta.

- **Penetrantes:** aquellos cuya zona de acción solo abarca la parte vegetal sobre la que han sido aplicados (frutos, hojas, etc.). Por lo tanto, no se incorporan a la savia de la planta.

- **De contacto/superficie:** son productos que permanecen sobre la superficie vegetal donde han sido aplicados. Una vez realizado el tratamiento, si llueve, se pierde su acción por lavado del producto.

2.2.4. Clasificación de los productos fitosanitarios

Dentro de los fitosanitarios de síntesis química existen varios tipos, todos ellos muy utilizados en agricultura o montes, tanto para controlar plagas y enfermedades vegetales como malas hierbas y otros problemas. Por su finalidad, se clasifican en:

- Insecticidas: productos químicos de origen mineral, vegetal u orgánico que actúan sobre los insectos (trips, moscas, etc.). Pueden ser polivalentes (o de amplio espectro) y específicos (que solo actúan sobre determinadas especies animales, respetando el resto de la fauna silvestre).

- Acaricidas: productos generalmente de síntesis orgánica que actúan contra los ácaros (araña roja).

- Fungicidas: productos químicos que controlan las enfermedades vegetales ocasionadas por los hongos. Pueden ser preventivos (cuando el tratamiento es realizado antes de producirse la infección) o curativos.

- Herbicidas: aquellos productos de origen mineral o de síntesis orgánica que permiten controlar las malas hierbas.

- Desinfectantes del suelo: son sustancias que se aplican al suelo, donde, tras volatilizarse, sus vapores lo desinfectan de agentes fitopatógenos.

- Repelentes: productos cuyo mecanismo de acción va dirigido a repeler a los organismos dañinos de los cultivos (repelentes de aves).

- Atrayentes: atraen a los insectos hacia un cebo (feromonas).

2.3. Interpretación de los datos de la etiqueta

La etiqueta es la mejor información resumida de todas las características de los productos fitosanitarios, cuya lectura permitirá conocer el producto que se desea utilizar y emplearlo tratando de conseguir una buena eficacia y el mínimo impacto sobre la salud humana y el medio ambiente. Antes de utilizar un producto fitosanitario, es imprescindible leer detenidamente la etiqueta y seguir las instrucciones y recomendaciones contenidas en la misma.

El Reglamento (CE) N.º 1272/2008 establece que los productos químicos clasificados como peligrosos y contenidos en un envase llevarán una etiqueta, escrita en la lengua o lenguas oficiales de los Estados miembros de la Unión Europea en donde serán comercializados. Las etiquetas deberán indicar lo siguiente:

- Datos de los proveedores.

- Cantidad nominal de la sustancia o mezcla contenida en el envase.

- Número de identificación y nombre de la sustancia o de la mezcla.

- Pictogramas de peligro.

- Las palabras de advertencia: «Peligro»/«Atención».

- Indicaciones de peligro: frases H.

- Consejos de prudencia: frases P.

- Información complementaria.

2.3.1. Identificación visual del riesgo químico sobre los envases

El Reglamento (CE) Nº 1272/2008 del Parlamento Europeo y del Consejo, de 16 de diciembre de 2008, sobre clasificación, etiquetado y envasado de sustancias y mezclas, tiene por objetivo principal mejorar la información correspondiente a los peligros que representan los productos químicos para quienes están expuestos a ellos, a través de un sistema globalmente armonizado de clasificación y etiquetado de los mismos, como es el caso de los fitosanitarios.

Figura 2.11. Etiqueta de un producto fitosanitario fungicida.

Figura 2.12. Etiqueta de un producto fitosanitario insecticida.

Los cambios más destacados que incorpora este nuevo reglamento, con respecto a la legislación anterior, son:

- Nuevos pictogramas, clasificados en tres categorías: peligros físicos, para la salud humana y para el medio ambiente.

- Sustitución de las frases R por indicaciones de peligro: **frases H.** Van asignadas a una clase o categoría de peligro y describen la naturaleza de los riesgos que presenta una sustancia o mezcla química.

- Sustitución de las frases S por consejos de prudencia: **frases P,** que describen las medidas recomendadas para minimizar o evitar los efectos adversos causados por la exposición a una sustancia o mezcla química peligrosa durante su manejo.

- Indicación de la gravedad que presenta el riesgo, mediante las palabras **PELIGRO,** para las categorías más graves, y **ATENCIÓN,** en las menos graves.

Tanto los pictogramas como las frases H y P van impresas en el etiquetado de cada producto.

2.4. Herbicidas: tipos y características

Un herbicida es un producto químico o no que se utiliza para inhibir o interrumpir el desarrollo de plantas indeseadas, también conocidas como malas hierbas, en terrenos que han sido o van a ser cultivados. Para elegir un herbicida se tendrá en cuenta el tipo y estado en el cual se halla el cultivo, el estado y tipo de la maleza que se desea controlar, así como las características físicas del suelo. Los herbicidas pueden ser comprados en el mercado bajo formulaciones líquidas o sólidas, lo que dependerá de los ingredientes activos que se van a utilizar y de cuál sea su forma de aplicación. El número de ingredientes activos o moléculas de herbicidas registrados en España es muy elevado, así como el de los herbicidas comercializados (aún mayor), formado por diferentes formulaciones de ingredientes activos.

La nomenclatura de los herbicidas es la siguiente: la etiqueta de un herbicida contiene tres nombres:

a) Nombre técnico, que describe la composición química correspondiente al compuesto herbicida.

b) Nombre común, que se corresponde al nombre genérico dado al ingrediente activo, previamente aprobado por las autoridades competentes.

Figura 2.13. Envase de un herbicida concentrado soluble (SL).

c) Nombre comercial.

Por ejemplo, el herbicida vendido con el nombre comercial de Glyfos Titan tiene el nombre común de Glifosato 68 % (sal amónica en granos hidrosolubles), que se corresponde con su ingrediente activo, y el nombre químico sería N-(fosfonometil) glicina ($C_3H_8NO_5P$). Es el herbicida organofosforado de aplicación posemergente, sistémico y no selectivo, de mayor importancia y el más ampliamente utilizado en el mundo. La formulación de un herbicida se indica en la etiqueta de cada producto y se designa por una o varias letras tras el nombre comercial. En la etiqueta se indica también la cantidad de ingrediente activo en porcentaje y en gramos por litro o kilogramo de producto comercial. Existen cuatro familias principales de herbicidas:

- De acción foliar y trasladables: los que actúan a través de la parte aérea de la planta y se trasladan por los haces vasculares. A su vez, pueden ser clasificados en dos grandes grupos: hormonales (van por el floema y funcionan de forma similar a las auxinas) y trasladables no hormonales (los hay de acción total y selectivos).

- De contacto: se trata de herbicidas de acción foliar pero, a diferencia de los anteriores, no se trasladan por la planta. Pueden ser selectivos y no selectivos.

- Con actividad edáfica: son productos fitosanitarios cuya operatividad se da exclusivamente a través del suelo.

- Con actividad foliar y a través de la raíz: estos productos pueden absorberse tanto por la parte aérea de la planta (hojas y tallos) como desde sus raíces.

Figura 2.14. Tipos de herbicidas: A) de presiembra o preplantación, B) de preemergencia, C) de posemergencia.

Figura 2.15. Aplicación de un herbicida para el control de malas hierbas.

Figura 2.16. Desbroce herbáceo de un terreno.

2.5. Peligrosidad de los productos fitosanitarios y de sus residuos

El empleo de productos químicos para el control de los agentes responsables de las plagas y enfermedades de las plantas es una práctica habitual y legalmente permitida, pero que quizás no es aceptada por todos debido a los efectos nocivos generados (principalmente medioambientales) al manejarlos. Generalmente, dichos efectos están motivados por el abuso de los fitosanitarios así como debido a un mal uso y manejo de los mismos.

Uno de los efectos nocivos que más preocupa es la presencia de residuos de productos fitosanitarios en los alimentos vegetales destinados directamente al consumo humano y en aquellos que sirven de alimento al ganado, cuya gama de productos y subproductos forman parte también de la dieta humana. Existe actualmente una gran sensibilización y exigencia mundial sobre la calidad alimentaria, sobre todo en lo que se refiere a la presencia de sustancias tóxicas.

2.5.1. Peligrosidad fitosanitaria

Evaluando su nivel de peligrosidad, junto a sus propiedades fisicoquímicas y toxicológicas más los efectos contra la salud humana y el medio ambiente, los productos fitosanitarios pueden clasificarse de la siguiente forma (RD 363/1995, de 10 de marzo):

a) Según las propiedades físico-químicas:

- Explosivos (E): los que, incluso en ausencia de oxígeno atmosférico, puedan reaccionar de forma exotérmica con rápida formación de gases; o los que, bajo determinadas condiciones de los ensayos, puedan detonar, deflagrar de forma rápida o explotar cuando exista confinamiento parcial y un ambiente caluroso.

- Comburentes (O): los que al comunicarse con otros tipos de sustancias, particularmente las inflamables, originan una fuerte reacción exotérmica.

- Fácilmente inflamables, inflamables o extremadamente inflamables (F / F+): cuando presentan el peligro de inflamarse bajo determinadas condiciones, pasando de una clase a otra según ciertos parámetros físico-químicos.

b) Según los efectos contra la salud humana:

- Nocivos (Xn): los que por inhalación, ingestión y/o penetración cutánea supongan riesgos de gravedad limitada.

- Tóxicos (T): los que por inhalación, ingestión y/o penetración cutánea, bajo pequeñas cantidades, causen riesgos extremadamente graves, agudos o crónicos, e incluso la muerte.

- Muy tóxicos (T+): los que por inhalación, ingestión y/o penetración cutánea, bajo muy pequeñas cantidades, impliquen riesgos extremadamente graves, agudos o crónicos, e incluso la muerte.

- Irritantes (Xi): productos no corrosivos que, por fricción inmediata, prolongada y/o repetida con la piel y mucosas, puedan provocar una reacción inflamatoria.

- Corrosivos (C): los que por fricción con tejidos vivos puedan destruir a estos.

c) Peligrosos para el medio ambiente (N):

Actualmente, se clasifican 10 clases distintas de peligros físicos más otros 9 que afectan a la salud humana y el medio ambiente. Cada clase puede quedar a su vez subdividida en varias categorías de peligro (véase Tabla 2.2). Por otro lado, existen cinco tipos de consejos de prudencia:

- Generales (P1XX).

- De prevención (P2XX).

- De intervención, en caso de vertidos o exposiciones accidentales (P3XX).

- De almacenamiento (P4XX).

- Para eliminación (P5XX).

Los productos químicos con el pictograma «Inerte» (Figura 2.17) podrían significar:

- Gas bajo presión, puede explotar cuando se calienta.

- Gas refrigerado, puede originar quemaduras o lesiones criogénicas.

- Gases disueltos.

El pictograma «Explosivo» se refiere a sustancias explosivas, autorreactivas y peróxidos orgánicos que pueden causar una explosión cuando se calientan. El pictograma «Inflamable» advierte acerca de gases, aerosoles, líquidos y sólidos inflamables, tales como:

- Sustancias y mezclas de calentamiento espontáneo.

- Líquidos y sólidos piforóricos que pueden incendiarse en contacto con el aire.

- Sustancias y mezclas que emiten gases inflamables en contacto con el agua.

- Sustancias autorreactivas o peróxidos orgánicos que pueden provocar un incendio si se calientan.

Si el pictograma que se muestra en la etiqueta es el de «Comburente», significa que se trata de gases, líquidos o sólidos oxidativos, que pueden causar o intensificar una explosión o un incendio. Una sustancia o mezcla que lleva el pictograma de «Peligro», puede tener uno o varios efectos:

- Es cancerígena.

- Afecta a la fertilidad y al nonato.

- Causa mutaciones.

- Es un sensibilizante respiratorio, puede provocar alergias, asma o dificultades respiratorias cuando es inhalado.

- Resulta tóxica en determinados órganos.

- Peligro por aspiración, que puede ser mortal o muy nocivo si se ingiere o penetra por alguna vía.

Si el pictograma es el de «Tóxico», hay que tener en cuenta que se trata de un producto químico extremadamente tóxico en contacto con la piel, si se inhala o ingiere, y que puede ser mortal. Siempre que se utilice un producto químico que lleva el pictograma de «Corrosivo», puede provocar quemaduras graves en la piel y daños oculares; también es corrosivo para los metales. El pictograma de «Atención» puede referirse a uno o varios peligros:

- Toxicidad aguda.

- Causa una sensibilización cutánea, irritación de piel y ojos.

- Irritante para la respiración.

- Es narcótico, provoca somnolencia o mareos.

- Peligroso para la capa de ozono.

Por último, el pictograma de «Medio ambiente» advierte de que la sustancia es tóxica o nociva para los organismos acuáticos.

Tabla 2.2. Clases y categorías de peligros para productos químicos (GHS)

PELIGROS FÍSICOS		CATEGORÍAS
1. Explosivos		1, 2, 3, 4, 5 y 6
2. Inflamables	Gases	1 y 2
	Aerosoles	1 y 2
	Líquidos	1, 2, 3 y 4
	Sólidos	1 y 2
3. Comburentes	Líquidos	1, 2 y 3
	Sólidos	1, 2 y 3
	Gases	1
4. Gases presurizados	Gas comprimido, licuado, refrigerado y gas disuelto	
5. Sustancias autorreactivas	Tipo A, Tipo B, Tipo C y D, Tipo E y F, Tipo G	
6. Pirofóricos	Líquidos	1
	Sólidos	1
7. Sustancias que sufren calentamiento espontáneo		1 y 2
8. Gases inflamables activados por agua		1, 2 y 3
9. Peróxidos orgánicos	Tipo A, Tipo B, Tipo C y D, Tipo E y F, Tipo G	
10. Corrosivos para metales		1
PELIGROS PARA LA SALUD Y EL MEDIO AMBIENTE		CATEGORÍAS
1. Toxicidad aguda		1, 2, 3, 4 y 5
2. Corrosión/ irritación de la piel		1 (subcategorías A, B y C), 2 y 3
3. Lesiones oculares graves o irritación ocular		1 y 2 (subcategorías A y B)
4. Sensibilización	Respiratoria	1
	Cutánea	1
5. Mutagénico		1 (subcategorías A y B) y 2
6. Carcinógeno		1 (subcategorías A y B) y 2
7. Tóxico	Para la reproducción	1 (subcategorías A y B) y 2
	Sobre la lactancia	Categoría especial
8. Toxicidad sistémica para órgano diana	Exposición simple	1 y 2
	Exposición repetida	1 y 2
9. Toxicidad para el medio ambiente acuático	Aguda	1, 2 y 3
	Crónica	1, 2, 3 y 4

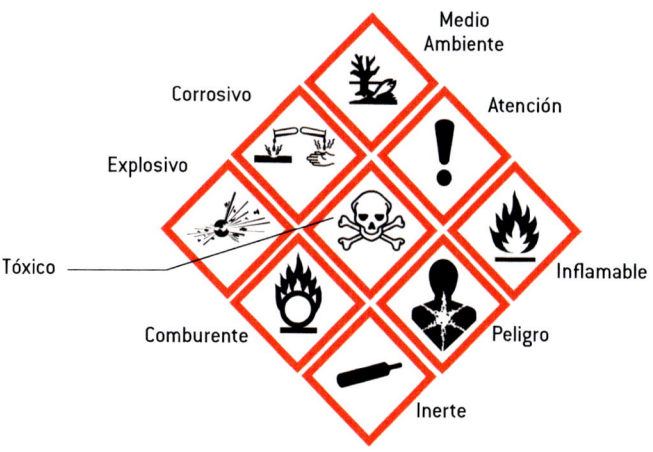

Figura 2.17. Pictogramas de peligro según el sistema mundialmente armonizado: GHS.

La contaminación medioambiental se incrementa cuando se utilizan productos fitosanitarios de síntesis química, ya que pueden dejar sustancias residuales de gran toxicidad. Estos residuos contaminan las zonas donde se produce su aplicación inicial, afectando también a las aguas naturales, debido a que las lluvias o los riegos agrícolas y forestales pueden arrastrar a estos productos hasta una cuenca hidrográfica.

Dicha polución se halla directamente relacionada con el periodo de actividad que tenga el producto fitosanitario una vez efectuado el tratamiento. Esto condicionará también la recolección de la cosecha, ya que debido a dicho periodo será necesario respetar un tiempo mínimo de seguridad (alimentaria).

Para minimizar los residuos químicos emitidos durante un tratamiento fitosanitario, se deben seguir unas recomendaciones básicas:

- Aplicar productos fitosanitarios autorizados en el cultivo que se va a tratar.

- Respetar el plazo de seguridad.

- Seguir las indicaciones de la etiqueta que incorpora cada producto.

- Utilizar maquinaria de aplicación en perfectas condiciones, bien regulada y equilibrada.

2.5.2. Residuos agroquímicos

Los restos de un producto fitosanitario, formados por las impurezas y los metabolitos que presenta la materia vegetal, se denominan residuo agroquímico. El problema de los residuos puede resultar más o menos grave, según sea el nivel de varios factores:

- La toxicidad que presenta el fitosanitario del cual derivan.

- La importancia del producto vegetal tratado con el fitosanitario usado en alimentación humana.

- Acumulación de residuos agroquímicos en la cadena de alimentos.

El carácter peligroso que presentan los residuos de productos fitosanitarios en los alimentos destinados al consumo humano ha obligado a las Administraciones a dictar normativas, con el fin de proteger la salud de los consumidores.

Este hecho ha dado lugar a prohibiciones en la utilización de fitosanitarios, ya sea de forma total, o bien para determinados cultivos, y también a la fijación de unos límites máximos tolerables de residuos agroquímicos en alimentos.

Así, se denomina límite máximo permitido (LMP) a la cantidad máxima de residuo de un determinado producto fitosanitario sobre algún alimento permitida por la ley. Por encima de dicho LMP, el producto agroalimentario no puede ser comercializado. En España, los LMP están fijados por el Real Decreto 280/1994, de 18 de febrero, modificado por el RD 578/2017, de 12 de junio y el RD 971/2014, de 21 de noviembre.

En cualquier caso, una práctica tradicionalmente utilizada es la de fijar unos periodos mínimos de tiempo que deben transcurrir desde que se aplica el producto fitosanitario hasta que se recoge la cosecha de la materia vegetal tratada.

Por lo tanto, se define **plazo de seguridad** como el periodo de tiempo que debe transcurrir entre la fecha de aplicación fitosanitaria y la de recolección agrícola o forestal. Este plazo no es genérico, sino particular o específico para cada producto químico y cultivo: debe ir indicado en la etiqueta de cada fitosanitario.

El agricultor o selvicultor debe contribuir a reducir el problema de los residuos agroquímicos a través del cultivo, según el criterio de Buenas Prácticas Ambientales.

2.6. Riesgos derivados de la utilización de los productos fitosanitarios

Debido al uso prolongado de un agroquímico, pueden surgir plagas resistentes a él, volviéndose cada vez más difícil su eliminación con otros productos fitosanitarios que posean el mismo principio activo. Asimismo, durante y tras los tratamientos existe una serie de riesgos para la salud humana, la fauna y el medio ambiente en general. Esto dependerá del grado de toxicidad que tenga el producto aplicado y del tiempo expuesto a este.

2.6.1. Riesgos para la salud

Las personas expuestas al riesgo pueden ser todas las que, directa o indirectamente, se hallan expuestas a los productos fitosanitarios. Como se acaba de indicar, esta exposición puede ser de dos tipos:

- Directa: son los riesgos a los que se hallan sometidos los trabajadores relacionados con productos fitosanitarios durante la elaboración, distribución, almacenamiento, venta y aplicación de los mismos.

- Indirecta: donde se incluyen las personas que no manejan fitosanitarios, pero que podrían acceder a ellos, tales como familiares de manipuladores, población que ingiere alimentos con residuos, etcétera.

Debido a ello, es de suma importancia realizar un uso racional de los productos fitosanitarios.

La toxicidad fitosanitaria varía mucho de unos compuestos a otros y depende de una serie de factores, entre los que destacan:

- Los inherentes al propio producto, como la toxicidad y concentración del ingrediente activo, las propiedades físico-químicas, etc. Se trata de factores que pueden modificarse debido a la opción de seleccionar diferentes fitosanitarios, eligiendo el de menor toxicidad.

- Los inherentes al trabajador, como edad, sexo, peso, susceptibilidad personal, hábitos personales, tiempo de la exposición, etcétera.

- Otros factores que influyen sobre la toxicidad son la técnica de aplicación usada para distribuir el producto, la temperatura, etc. La importancia de la temperatura en relación con el trabajo de aplicar un fitosanitario se podría resumir en que cuando sea posible seleccionar el momento de tratamiento, siempre serán más idóneas las horas de menos calor, es decir, las primeras y finales del día (diurno).

En resumen, la manipulación de productos fitosanitarios entraña un riesgo para la salud humana de todos los trabajadores expuestos directamente a ellos, por estar relacionadas con su producción, transporte o uso. Pero, además, también ocasiona un riesgo para la salud humana de aquellas personas expuestas indirectamente a los residuos de productos fitosanitarios, bien por estar estos presentes en el agua o en el aire, o bien por estar dentro de los alimentos vegetales tratados que se hayan recolectado sin respetar los plazos de seguridad recomendados entre la fecha de aplicación y la de cosechado.

Es importante incidir sobre las posibilidades de riesgo de la población femenina durante periodos especiales:

- Gestación: la exposición a fitosanitarios durante dicho periodo puede dar lugar al riesgo de aborto o de otro tipo de complicaciones.

- Lactancia: en este periodo podría intoxicarse el bebé a través de la leche materna, o producirse sensibilidad en madres y lactantes. Es importante incidir en la higiene personal tras la manipulación de los fitosanitarios.

- Menstruación: en estos periodos es fundamental extremar la higiene personal para evitar problemas de toxicidad. Como cualquier otro tipo de sustancia tóxica, los fitosanitarios penetran en el organismo principalmente por vía digestiva, respiratoria y cutánea. Las intoxicaciones pueden ser de distinta gravedad según la dosis y el tiempo expuesto.

Figura 2.18. Tratamiento fitosanitario aéreo.

Figura 2.19. Aplicación terrestre de fitosanitarios por espolvoreo.

2.6.2. Riesgos para el medio ambiente

Cuando se aplican fitosanitarios, una parte del producto no incide sobre las plagas y enfermedades que afectan a la sanidad vegetal, sino que se puede ir depositando sobre otros lugares, dejando residuos que, generalmente, contaminan el medio ambiente. Son varios los factores bióticos y abióticos que pueden verse afectados:

- Aire: los agroquímicos pueden permanecer suspendidos en el aire y ser alejados de la zona de tratamiento si actúa el viento. El riesgo de contaminación dependerá de sus características físico-químicas y volatilidad, el tipo de tratamiento y las condiciones meteorológicas.

- Agua: debido al lavado, la escorrentía y lixiviación de los productos fitosanitarios que se aplican a los cultivos, pueden contaminarse las aguas superficiales (ríos, embalses, lagunas...) y subterráneas (pozos).

- Suelo: al aplicarse los fitosanitarios a las plantas o directamente al suelo, pueden afectar negativamente a los microorganismos allí presentes (microfauna), pudiendo alterar el equilibrio biológico del suelo.

- Fauna: los fitosanitarios representan un importante riesgo para la fauna silvestre, sobre todo en cultivos donde se dan las condiciones adecuadas para la presencia de animales, como cultivos extensivos, espacios naturales, pastizales, humedales, etcétera.

2.6.3. Riesgos en agricultura y selvicultura

Entre los efectos negativos que los fitosanitarios producen sobre las plantas cultivadas, destacan:

- Resistencias.
- Aparición de nuevas plagas y enfermedades.
- Fitotoxicidad.

Resistencias

Cuando se aplica un mismo producto polivalente o un mismo principio activo, poco selectivo y de gran persistencia durante repetidas ocasiones, los agentes patógenos pueden «acostumbrarse» y generar una resistencia, haciendo que los tratamientos no les produzcan efecto alguno. Además, esta resistencia se puede transmitir a su descendencia y generar que la misma no lo sea solo a un producto concreto, sino a todo su grupo químico. Existen diversas formas de resistencias:

- Resistencia simple: cuando el fitosanitario selecciona los individuos que son resistentes y ya existían en la población, los cuales, al multiplicarse, crean otros organismos también resistentes al producto, y así sucesivamente hasta que todos los individuos presentan resistencia.

- Resistencia cruzada: surge cuando el agente nocivo es capaz de tolerar un tóxico, pero, por el mismo mecanismo, también es capaz de tolerar otros.

- Resistencia múltiple: si el agente nocivo genera varios mecanismos de defensa, de tal forma que cada uno es resistente a un tóxico distinto.

Para prevenir que aparezcan resistencias pueden seguirse unas indicaciones básicas:

- Reducir los tratamientos con fitosanitarios a los periodos de máxima sensibilidad.

- Utilizar la lucha integrada, combinando los tratamientos fitosanitarios y la lucha biológica.

- No sobrepasar la dosis recomendada en la etiqueta del agroquímico.

- No repetir tratamientos con un mismo producto, ni siquiera con productos diferentes de un mismo grupo químico.

- Realizar tratamientos cuando el nivel de plaga lo justifique y tratar solo cuando la fase de plaga sea sensible.

Aparición de nuevas plagas y enfermedades

Debido al uso de productos fitosanitarios polivalentes (no selectivos), puede producirse la eliminación de la fauna útil, enemiga natural de las plagas agrícolas. Esto podría romper el equilibrio ecológico y provocar el surgimiento de una nueva plaga.

Fitotoxicidad

Se denomina fitotoxicidad al conjunto de daños (manchado de hojas y frutos, defoliaciones, etc.) que pueden llegar a causar los fitosanitarios en los cultivos, debido a un exceso de la dosis, mezclas incompatibles, técnicas de aplicación incorrectas, etcétera.

Figura 2.20. El aplicador de fitosanitarios deberá respetar la fauna silvestre.

Figura 2.21. Encinar adehesado.

2.7. Intoxicaciones y otros efectos sobre la salud. Primeros auxilios

Tal y como se acaba de comentar, la exposición a un producto fitosanitario supone siempre un riesgo para la salud humana de una forma directa, por crearse sustancias residuales que permanecen sobre frutos o verduras y se transforman en el organismo cuando son ingeridos como alimento.

Asimismo, los fitosanitarios resultan perjudiciales para la salud de los operarios aplicadores, por ser quienes efectúan los tratamientos, puesto que los agroquímicos penetran la ropa normal de trabajo, accediendo directamente a la piel, o desprenden gases que afectan al aparato respiratorio.

Aun así, no todos los trabajadores que manejan productos fitosanitarios llegan a sufrir daños en su salud, aunque sí tengan más posibilidades de llegar a padecerlos por trabajar con ellos.

2.7.1. Intoxicaciones por productos fitosanitarios

A continuación, se clasificarán los riesgos a los que puede verse sometido un manipulador de fitosanitarios, respecto a un criterio temporal, distinguiendo entre intoxicaciones agudas (efectos a corto plazo) e intoxicaciones crónicas (efectos a largo plazo).

Intoxicaciones agudas

Cuando la cantidad de producto fitosanitario que ha penetrado en el organismo es suficiente como para provocar daño con una dosis única, se dice que se ha producido una intoxicación aguda. Son exposiciones de corta duración temporal, con absorción rápida del tóxico y cuyas consecuencias clínicas aparecen durante las primeras horas tras haber aplicado el tratamiento.

En el caso de que los efectos aparezcan tras repetidas dosis o exposiciones pequeñas durante cuatro horas, se denomina intoxicación subaguda.

Los efectos a corto plazo que puede producir la exposición a fitosanitarios pueden ser lesiones en las vías naturales de acceso al organismo (nasal, bucal, dérmica, etc.), intoxicaciones agudas y reacciones alérgicas. La sintomatología de dichos efectos puede servir de mecanismo de alarma (si se reconoce su causa) y cesan tras eliminar la exposición o haber suministrado el tratamiento adecuado.

Figura 2.22. Avioneta volando durante un tratamiento fitosanitario.

Figura 2.23. Mochila de fumigación para tratamientos fitosanitarios.

Tabla 2.3. Comparación de los síntomas producidos por golpe de calor y por intoxicación con fitosanitarios

Síntomas de agotamiento por calor	Síntomas de intoxicación por organofosforado o carbamato
Sudoración	Sudoración
Dolor de cabeza	Dolor de cabeza
Fatiga	Fatiga
Membranas secas	Membranas húmedas
Boca seca	Salivación
Falta de lágrimas	Provoca lágrimas
Sin deseos de escupir	Con deseos de escupir
Pulso acelerado (lento si la persona se ha desmayado)	Pulso lento
Náuseas	Náuseas y diarrea
Pupilas dilatadas	Posiblemente pupilas pequeñas
Depresión del sistema nervioso central	Depresión del sistema nervioso central
Pérdida de coordinación	Pérdida de coordinación
Confusión	Confusión
Desmayo (rápida recuperación)	Coma (no despierta)

Intoxicaciones crónicas

Se producen cuando existe una exposición prolongada e inadvertida de dosis pequeñas de tóxico, cuyos efectos pasan desapercibidos en dosis únicas tras la exposición y hasta que se muestra la sintomatología.

Los efectos que producen son intoxicaciones crónicas, reacciones alérgicas (asma, eczemas) y procesos cancerígenos. Estos pueden ser debidos a exposiciones continuas y prolongadas a dosis pequeñas de contaminante, o bien al hecho de que ciertos plaguicidas no son eliminados con facilidad (orgánico-clorados) y se acumulan en los tejidos grasos, produciendo un incremento continuado de la dosis tomada por el organismo hasta llegar a valores nocivos para el mismo.

2.7.2. Vías de entrada

Resulta de gran importancia para el aplicador saber las formas de contacto entre cuerpo humano y productos fitosanitarios, así como las principales vías de acceso por las que penetran estos, cuya finalidad será minimizar el riesgo estableciendo las medidas de protección más adecuadas. Los fitosanitarios pueden ser absorbidos por vía respiratoria, dérmica y digestiva.

Vía respiratoria

Los productos fitosanitarios pueden acceder al organismo humano a través del aparato respiratorio con el aire que se aspira. Esta vía de acceso es la más peligrosa, lo cual es debido a la libre circulación del aire, que tras entrar por la nariz o la boca continúa por todo el aparato respiratorio, pasando de los pulmones al torrente sanguíneo, no existiendo ninguna barrera fisiológica para su absorción. Desde la sangre, las toxinas llegarán al cerebro y a gran parte de los órganos antes de pasar por el hígado, que las transformará en otros productos menos tóxicos.

Los fitosanitarios que son susceptibles de ser inhalados deben ser capaces de generar gases, vapores o aerosoles de pequeño diámetro, entre los que destacan las formulaciones de gránulos, polvos o cebos; los fumigantes, tanto en estado líquido como gaseoso, y los plaguicidas líquidos de volatilidad elevada.

La manera más frecuente de absorber fitosanitarios es por vía respiratoria y se suele producir al respirar durante las horas de trabajo agrícola o forestal (mezclas, aplicaciones, etc.), en el periodo de descanso (almuerzo) y al permanecer en recintos cerrados y contaminados (almacenes, invernaderos, etc.). Esto es debido a que se aplican en forma de pulverización, aerosol, fumigación, etc., donde parte del producto, junto a la emanación de gases, permanece mezclado con el aire al no haberse asentado tras realizar el tratamiento.

Vía dérmica

La piel es una barrera o envoltura natural que aísla y protege el cuerpo humano del medio exterior, siendo su grosor variable de unas zonas a otras. Aun así, la mayoría de los productos fitosanitarios pueden atravesarla, causando un daño a la salud.

Nuestra mayor permeabilidad está en las mucosas, localizadas en la boca, las fosas nasales, los ojos y las zonas externas de los órganos reproductores, cuya capacidad de absorción es más rápida y mayor que con respecto a la piel, por lo cual el riesgo de intoxicación agroquímica es más elevado en aquellas.

La penetración de un fitosanitario en el organismo humano se puede producir a través de la piel cuando, sobre la misma o las mucosas, vayan depositándose salpicaduras de producto químico, se impregne cualquier zona corpórea por carencia de protección personal (guantes, ropa, etc.) o se toque directamente algún objeto mojado con el fitosanitario.

Cuando se da el caso de intoxicación por vía respiratoria, el agricultor o selvicultor padece irritaciones y molestias, pero es consciente del problema; mientras que en las absorciones por vía dérmica no se sienten dolores, irritaciones ni molestias. Esto explica por qué los agricultores no suelen asociar la piel a las intoxicaciones fitosanitarias.

Vía digestiva

Las intoxicaciones por vía digestiva son las menos frecuentes y suelen producirse accidentalmente, al ingerir de forma repetida pequeñas cantidades de agroquímicos (residuos de plaguicidas en alimentos o cigarrillos, manos del trabajador contaminadas, etcetera).

2.7.3. Primeros auxilios

Toda persona que trabaje con productos fitosanitarios y especialmente quienes hagan la supervisión laboral, como son, por ejemplo, los capataces agroforestales, deben poseer un conocimiento básico sobre la sintomatología por intoxicación con plaguicidas y saber cómo actuar ante una emergencia (plan de acción). Si durante la operación de tratar una plantación agroforestal con fitosanitarios, el aplicador sufre algún tipo de molestias, tales como mareos, náuseas, hormigueos, dolor de cabeza, etc., no deberá seguir trabajando. Se comprobará si su malestar ha podido ser causado por los productos químicos que utiliza y si se ha empezado a intoxicar. En caso afirmativo, deberá ser trasladado lo antes posible al médico o servicio sanitario más cercano, llevando siempre las etiquetas o los envases manipulados.

A la hora de prestar primeros auxilios, no será necesario disponer de grandes equipos especializados para ello, ya que bastará con utilizar un botiquín de primeros auxilios, el cual deberá estar instalado en un lugar accesible y conocido por los trabajadores de la explotación. Su contenido ha de permitir hacer frente a los pequeños accidentes que con más frecuencia se dan en el medio laboral, por lo que su composición puede variar según cada tipo de actividad, siendo recomendable que incorpore, al menos, unos elementos mínimos: material de autoprotección (mascarilla, guantes...), de curas (antiséptico, suero fisiológico, gasas, tiritas, tijeras...), vendas hemostáticas (control de hemorragias), fármacos (analgésicos-antitérmicos, antiinflamatorios, cremas para picaduras o quemaduras...), material para protección de heridas, quemaduras y traumatismos articulares (pañuelos, vendas...), termómetro, etcétera.

Figura 2.24. Primeros auxilios a un trabajador intoxicado por fitosanitarios.

Figura 2.25. Intoxicación aguda de un trabajador (ingesta de fitosanitario en vez de agua).

Ningún aplicador de productos fitosanitarios debería trabajar solo en el campo, ya que si llegase a sufrir una intoxicación aguda, resultaría de vital importancia recibir asistencia de primeros auxilios por medio de otra persona. Las pautas que se deben seguir quedan resumidas en las conocidas como las **tres reglas de oro** en un tratamiento antitóxico:

- Evitar una mayor absorción del tóxico.

- Neutralizar, bloquear o volver inocuo el tóxico (aunque apenas existen antídotos).

- Favorecer su eliminación.

En caso de intoxicación, es fundamental conocer los primeros auxilios para poder llevarlos a cabo, que incluyen unas indicaciones mínimas:

- La persona que preste auxilio debe utilizar las medidas de protección adecuadas para no ser él otra víctima de la intoxicación.

- Retirar a la víctima de la zona contaminada, evitando así que siga bajo la influencia directa del tóxico.

- Actuar con calma, de tal forma que se mantenga lo más tranquilo posible al intoxicado.

- Quitarle la ropa, que podría estar contaminada con lo que seguiría absorbiendo el fitosanitario por vía dérmica, a través de la prenda.

- Lavar (sin frotar) inmediatamente la piel de todo el cuerpo, incluida la cabeza, con abundante agua y jabón u otro producto que indique la etiqueta de los envases. Los ojos deberán lavarse solo con agua. Luego, secar bien a la persona intoxicada y taparla.

- Vigilar la respiración del intoxicado. Si está inconsciente, comprobar, abriéndole la boca, que no hay nada obstruyendo el paso de aire fresco. Hacer la respiración artificial si fuese necesario.

- Mantener al intoxicado siempre tumbado sobre un costado, o bien bocabajo con la cabeza de lado, para que si vomita no se asfixie.

- Si el producto ha sido tragado, lo más conveniente sería hacer un lavado estomacal. Pero de forma inmediata, y más aún si se trata de un producto tóxico o muy tóxico, es recomendable dar carbón activo para neutralizarlo antes de hacerle vomitar (solo sí está consciente).

- A un intoxicado con fitosanitarios no se le debe dar nunca leche, alcohol o purgantes oleosos, ni otros productos que contengan grasas, pues todas ellas facilitarían su absorción (agroquímico) por el organismo. Si está consciente y tiene sed, podría beber solamente agua.

- Acudir al médico o al servicio sanitario más próximo, llevando siempre la etiqueta (o el envase) de los productos químicos aplicados, ya que contienen las indicaciones para realizar el tratamiento por intoxicación.

2.8. Tratamientos fitosanitarios

El objetivo de todo tratamiento fitosanitario es distribuir el producto en cantidad necesaria y con la máxima uniformidad y homogeneidad sobre las plantas cultivadas que se van a tratar. Los métodos usados para distribuir los fitosanitarios dependen de cómo sea el estado en que se presenta el producto: sólido-líquido-gaseoso, predominando los líquidos por su fácil manipulación, aplicación y dosificación. Entre los principales métodos destacan el espolvoreo, la pulverización y la fumigación.

2.8.1. Espolvoreo

Es el método más rápido y sencillo de todos los utilizados, por el cual sobre la zona de tratamiento se lanzan partículas finas de polvos, mediante medios mecánicos o neumáticos (espolvoreadores).

Las ventajas que presenta este método frente a la pulverización son:

- Sencillez y rapidez de aplicación.
- Mayor penetración en zonas vegetales de difícil acceso.
- Equipos más económicos, especialmente si se trata de zonas con escasez de agua.

Inconvenientes:

- Mayor gasto de ingrediente activo por superficie tratada.
- Mayor influencia de las condiciones climáticas. No se debe realizar el tratamiento en días ventosos.
- Mayores riesgos para el personal aplicador.
- Menor persistencia, es decir, escaso tiempo de permanencia sobre la planta. Este problema se resolvió con el espolvoreo húmedo (pulverización previa con agua) y el espolvoreo electrostático (se le comunica una carga eléctrica).

2.8.2. Pulverización

Método que se basa en el fraccionamiento de un caldo (producto fitosanitario disuelto, emulsionado o en suspensión dentro de un líquido acuoso), mediante presión hidráulica, corrientes de aire o centrifugación. Según el tipo de tratamiento, se pueden distinguir dos grupos de pulverización:

- Con recubrimiento total: es la típica de los fitosanitarios de contacto, que deben cubrir toda la superficie de las hojas y de la planta.

- Pulverización mojante: adecuada para fitosanitarios sistémicos, que actúan en lugares distintos de donde fueron aplicados.

Su aplicación se realiza con los pulverizadores, conocidos popularmente como «sulfatadoras», y los atomizadores. Un adecuado tratamiento de productos fitosanitarios estará relacionado con tres parámetros de las gotas, que son:

- Tamaño: cuanto más pequeña sea la gota posee mejor adherencia, siempre y cuando tenga el volumen suficiente como para no evaporarse antes de alcanzar la planta.

- Alcance: según sea la presión de salida de las gotas, estas podrán salvar la distancia entre pulverizador y plantas.

- Homogeneidad: para conseguir un recubrimiento homogéneo con la cantidad mínima de caldo, las gotas deben tener un tamaño lo más uniforme posible.

Tabla 2.4. Tipos de pulverización en función del tamaño de las gotas

Tamaño de las partículas (micras)		
Aerosoles	Atomización	Pulverización
Bruma de mar	Nubes, niebla, llovizna	Lluvia
0-10	100	1000

2.8.3. Fumigación

Mediante la fumigación se aplica el producto fitosanitario en forma de humo, gas o vapor. Presenta la ventaja de tener una mayor facilidad para penetrar sobre distintos materiales, por lo que suele ser muy utilizado en la desinfección de suelos o productos agrícolas almacenados, como silos, graneros, etcétera.

Figura 2.26. Operario llevando a cabo un tratamiento fitosanitario por espolvoreo.

Figura 2.27. Operario aplicando un producto fitosanitario por pulverización.

Figura 2.28. Tratamiento fitosanitario en frutales con maquinaria específica.

Figura 2.29. Aplicación manual de fitosanitarios en plantación forestal joven.

Su aplicación se suele hacer en locales cerrados o bajo lonas, presentando elevados riesgos de intoxicación por la categoría toxicológica de los productos empleados, debiendo extremarse las precauciones para su empleo.

2.8.4. Otros

- Aplicación de cebos: cuando se colocan determinados preparados con la intención de atraer o repeler agentes nocivos (ejemplo: pastillas para roedores, trampas de captura masiva para la mosca de la fruta y otros, etcétera).

- Tratamientos vía riego: de aplicación muy empleada en plantaciones con sistemas de irrigación localizada; la instalación de riego transporta los fitosanitarios por sus conducciones hasta el sistema radicular de las plantas. Estos fitosanitarios suelen ser sistémicos.

- Aplicación en el suelo: se basa en incorporar al suelo el fitosanitario sólido, granulado, que una vez enterrado desprende gases y se mezcla con el aire soterrado.

2.9. Preparación de caldos

Cuando se recomienda efectuar un tratamiento fitosanitario, es muy probable que pueda existir más de un agente fitopatógeno, en cuyo caso interesará mezclar dos o más productos químicos para ser aplicados al mismo tiempo y ahorrar así energía y mano de obra (un solo tratamiento y varios patógenos). Si el producto resultante de la mezcla consigue un efecto idéntico al que tendrían sus componentes aplicados por separado, se dice que se ha producido una sinergia química. En cambio, si el producto resultante tiene un efecto mayor, se habrá producido una sinergia química de potenciación. Por el contrario, se produce un antagonismo cuando la mezcla es menos eficaz respecto a la suma de la eficacia que tendría individualmente cada uno de sus componentes. También puede darse una incompatibilidad entre los productos, cuando de su mezcla resultan sustancias inactivas o tóxicas para los cultivos. En la mezcla de productos fitosanitarios deberá verificarse si los fabricantes indican o no esta posibilidad, ya que algunos productos pueden ser incompatibles con otros. Cuando productos de distinta formulación puedan ser mezclados, deberá seguirse un orden lógico:

1) Líquidos solubles.

2) Polvos mojables.

3) Concentrados emulsionables.

4) Emulsiones.

5) Aceites o coadyuvantes.

Durante la preparación de un caldo de tratamiento fitosanitario, se puede producir contaminación por inhalación de vapores o debido a salpicaduras y derrames en cualquier parte corporal, siendo necesario utilizar un equipo de protección adecuado para llevar a cabo esta operación. No se mezclarán productos incompatibles entre sí al preparar el caldo de tratamiento. Antes de realizar un caldo con mezcla de diferentes productos fitosanitarios, los aspectos básicos que hay que tener en cuenta son:

- En la etiqueta, leer atentamente sus posibles incompatibilidades.

- Recurrir a un asesoramiento técnico.

- No añadir polvos mojables directamente al depósito de la mezcla.

- Utilizar equipos con un potente sistema de agitación.

- Hacer una prueba o ensayo antes de aplicar el caldo.

- Realizar el tratamiento nada más tener la mezcla.

- No mezclar muchos productos químicos a la vez y en la misma cuba.

Figura 2.30. Cuba con caldo fitosanitario.

Figura 2.31. Preparación de un caldo fitosanitario.

2.10. Tratamiento de los restos y envases vacíos

Moderar tanto la dosis de los fitosanitarios (herbicidas, insecticidas, etc.) como su número anual de aplicaciones, influye muy positivamente sobre la naturaleza, ya que debido a ellos el alimento disponible para la fauna silvestre se reduce y puede producir su intoxicación.

El arrastre de partículas acompañadas de nutrientes (abonos) y fitosanitarios podría contaminar parcelas adyacentes e incluso cauces públicos. Reducir el uso de agroquímicos y restringir las zonas de aplicación a las líneas del cultivo es una buena solución para paliar este problema.

Los productos fitosanitarios usados por los agricultores y selvicultores para el control de las plagas y enfermedades que atacan a sus plantas, dan lugar a envases vacíos, cuya eliminación debe gestionarse a través de un centro especializado, como por ejemplo, SIGFITO. La quema de los envases usados o su abandono en el campo haría un daño irreversible al medio ambiente, debido a los residuos químicos peligrosos que seguirían conteniendo. Los plaguicidas y sus envases vacíos están tipificados como residuos peligrosos, que deberán ser obligatoriamente gestionados por sus mismos usuarios, o bien ser devueltos al fabricante para llevar a cabo dicha operación. Las empresas de control de plagas deberán estar inscritas en el registro de pequeños productores de residuos industriales y contratar la recogida de los mismos a un organismo autorizado para la gestión de residuos tóxicos y peligrosos (RTP).

La Ley 11/1997, de 24 de abril, tiene por objeto reducir y prevenir el impacto ambiental que causan los envases y sus residuos, destacando en agricultura y selvicultura los de productos fitosanitarios. Así, el Real Decreto 1055/2022, de 27 de diciembre, de envases y residuos de envases, fija las medidas y normas para llevar a cabo la correcta gestión de los envases fitosanitarios tras haber sido usados por el agricultor, debiendo ser llevados a un punto de recogida o centro de agrupamiento. SIGFITO es una empresa sin ánimo de lucro fundada en 2002 por la industria fitosanitaria para facilitar la correcta gestión de los envases vacíos, que los agricultores compran a las empresas agroquímicas. Las funciones de dicha empresa son:

- Designar los puntos de recogida y realizar su difusión social.

- Facilitar los contenedores y otros medios.

- Efectuar la retirada de los residuos agrupados en puntos de recogida.

- Reciclar, valorizar o eliminar los residuos.

Figura 2.32. Operario realizando un enjuague triple de un envase de fitosanitario.

Figura 2.33. Almacenaje de los envases fitosanitarios para el reciclaje de SIGFITO.

Figura 2.34. Depósito de los envases vacíos en un contenedor especializado.

Figura 2.35. Punto de recogida SIGFITO para envases vacíos de fitosanitarios.

RECUERDA...

Sobre los métodos de control fitosanitario

Los **métodos de control fitosanitario** pueden ser directos o indirectos, donde los primeros actúan directamente sobre los agentes nocivos y para ello utilizan productos químicos (insecticidas, fungicidas, herbicidas, etc.), pequeños animales (artrópodos antiplagas) y seres microbianos, o bien medios físicos (la solarización, el vapor de agua, las trampas ecológicas, el acolchado, etc.), mientras que los últimos aplican medidas de carácter preventivo, como son la cuarentena, el uso de variedades vegetales resistentes a plagas y/o enfermedades, las estaciones de aviso fitosanitario, las buenas prácticas agroculturales, etc.

La **defensa fitosanitaria** puede hacerse por medio de una lucha química tradicional (bajo un calendario fijo y preestablecido), química recomendada (bajo aviso externo), lucha dirigida (menos dañina), integrada (mínimo uso de agroquímicos) o ecológica con productos naturales.

Sobre los productos fitosanitarios

Cualquier producto fitosanitario está compuesto por:

- **Un ingrediente activo**: lo que actúa directamente contra las plagas, enfermedades y malas hierbas. Etiquetado bajo su nombre común, comercial o químico. Cantidad (%).

- **Sustancias inertes**: no tienen efecto alguno sobre la plaga, enfermedad o la vegetación espontánea, pero mejoran el producto (aplicación). Sólidas-líquidas.

- **Aditivos**: utilizados al elaborar el producto para dotarlo de ciertas características (olor, color). Su adición al producto es un requisito legal.

- **Coadyuvantes**: añadidos al resto de los componentes que lleva el fitosanitario con el fin de modificar positivamente alguna de sus características físicoquímicas. Destacan los tenso-activos, adherentes, dispersantes, etcétera.

Sobre las operaciones de mezcla y preparación de caldos fitosanitarios

Cuando se mezclan dos o más productos agroquímicos con el objetivo de ser aplicados como un solo tratamiento fitosanitario para combatir a varios patógenos, el caldo resultante puede dar lugar a **tres situaciones distintas:**

- Que se produzca sinergia química: se consigue un efecto idéntico al que tendrían sus componentes aplicados por separado.

- Que dicha sinergia sea de potenciación: la mezcla final tiene un efecto mayor.

- Que se produzca un antagonismo: cuando la mezcla es menos eficaz respecto a la suma de la eficacia que tendría individualmente cada uno de sus componentes.

La **cantidad necesaria de producto activo** que se debe diluir en agua podrá ir etiquetada de varias formas: en unidades de volumen (ml/l, cm3/m3, etc.), en tanto por ciento (%) o tanto por mil (‰) y en unidades de volumen por superficie unidad (l/ha, ml/m^2, etc.).

Sobre los riesgos derivados de la utilización de los productos fitosanitarios

Cualquier tratamiento fitosanitario conlleva **riesgos para la salud humana** y el medio ambiente, que serán más graves cuanto mayor sea su grado de toxicidad y el tiempo expuesto al mismo.

Sobre primeros auxilios

Los primeros auxilios son un conjunto de técnicas que **posibilitan la atención a un accidentado en primera instancia** hasta la llegada de asistencia técnica profesional. Para lo que resulta necesario disponer de un botiquín específico destinado a tales emergencias.

Sobre la peligrosidad de los productos fitosanitarios y de sus residuos

Según su nivel de peligrosidad, los productos fitosanitarios quedan clasificados de la siguiente forma:

- Explosivos (E).
- Comburentes (O).
- Fácilmente inflamables e inflamables (F).
- Extremadamente inflamables (F+).
- Nocivos (Xn).
- Tóxicos (T).
- Muy tóxicos (T+).
- Irritantes (Xi).
- Corrosivos (C).
- Peligrosos para el medio ambiente (N).

Los **plazos de seguridad** son periodos mínimos de tiempo, específicos para cada producto agroquímico y cultivo agroforestal, que deben transcurrir entre la fecha de aplicación fitosanitaria y la de recolección agrícola. Se indican en las etiquetas.

¿SABÍAS QUE...?

Sobre la peligrosidad de los productos fitosanitarios y de sus residuos

Se clasifican diez clases distintas de peligros físicos más otros nueve más que afectan a la salud humana y el medio ambiente, donde cada clase puede quedar a su vez subdividida en varias categorías de peligro (véase Tabla 2.2).

Con el REGLAMENTO (CE) Nº 1272/2008, de 16 de diciembre, sobre clasificación, etiquetado y envasado de sustancias y mezclas, fueron cambiados los pictogramas de peligro fijados por el Real Decreto 363/1995, de 10 de marzo, por el que se aprobó el Reglamento sobre notificación de sustancias nuevas y clasificación, envasado y etiquetado de sustancias peligrosas, adoptando el sistema mundialmente armonizado (GHS).

ACTIVIDADES PROPUESTAS

2.1. Identifica visualmente alguna plaga y enfermedad que localices en un jardín.

2.2. Usando envases vacíos o páginas web de distintos productos fitosanitarios, analiza sus etiquetas y observa detalladamente las distintas formas bajo las cuales puede presentarse.

2.3. Investiga sobre cuál será el sistema de gestión que se debe seguir para la correcta eliminación de los envases vacíos respecto de los productos fitosanitarios analizados en el apartado anterior.

2.4. En un jardín cualquiera, observar y comprobar el contenido y los detalles de un botiquín comercial de primeros auxilios para emergencias.

2.5. Indica cuál de los grupos de plaguicidas que se citan a continuación está destinado al control de los hongos:

a) Insecticida.

b) Fungicida.

c) Herbicida.

2.6. El tiempo transcurrido entre la última vez que se aplicó un tratamiento fitosanitario y la recolección de un producto vegetal se denomina:

a) Tiempo de recolección.

b) Plazo de seguridad.

c) Vida útil de residuos agroquímicos.

3. Equipos de aplicación y manipulación de productos fitosanitarios

Introducción

Los diferentes equipos de aplicación fitosanitaria varían según el método que utilizan para llevar a cabo el tratamiento, así como por la naturaleza física de cada producto químico empleado: sólido-líquido-gaseoso. Los distintos estados físicos en los que se pueden distribuir los productos químicos aplicados a la sanidad vegetal dan lugar a diversos equipos de tratamiento. Así, los pulverizadores, como el atomizador, distribuyen los plaguicidas en forma líquida, otras máquinas espolvorean el producto sólido mediante una corriente de aire y, por último, los equipos fumigadores lo aplican en forma de gas. Un buen equipo permite conseguir una buena protección fitosanitaria de los cultivos, aunque un inadecuado mantenimiento y uso de la maquinaria puede afectar negativamente al medio ambiente, así como producir daños a los cultivos agroforestales o no alcanzar el efecto agronómico deseado. El tercer capítulo transmite, pues, los conocimientos básicos necesarios acerca de los equipos de aplicación y manipulación de productos fitosanitarios.

Contenidos

El control fitosanitario supone realizar una serie de técnicas de aplicación de productos que implican su correcta distribución en el medio agrícola o forestal, para lo cual será preciso disponer de buena maquinaria y unos equipos adecuados, de forma que se puedan conseguir altas efectividades de tratamiento y, por lo tanto, unos rendimientos elevados de la producción vegetal (frutos, madera, etc.). Todo ello supondrá un ahorro de productos y de tiempo necesario para realizar los tratamientos, así como un menor impacto ambiental.

3.1. Equipos de aplicación

Los diferentes equipos de aplicación fitosanitaria varían según el método que utilicen para llevar a cabo el tratamiento, así como por la naturaleza del producto químico: sólido-líquido-gaseoso.

Un buen equipo ayuda a conseguir una buena protección fitosanitaria de los cultivos. No obstante, un inadecuado mantenimiento y uso del equipo pueden afectar negativamente al medio ambiente, así como producir daños a los cultivos o no alcanzar el efecto agronómico deseado.

3.1.1. Espolvoreo

Utilizan el producto fitosanitario activo mezclado con una materia inerte y pulverulenta. De dicha forma, y sin necesidad de añadir agua, se va distribuyendo el agroquímico sobre las plantas.

En el mercado hay diversos equipos para realizar el espolvoreo, pudiéndose aplicar la siguiente clasificación:

a) Espolvoreadores manuales: equipos accionados por el propio trabajador que realizará el tratamiento fitosanitario. Su funcionamiento es muy sencillo y constan de:

- Correas de sujeción para el operario (tipo mochila).

- Palanca reguladora para pasar el polvo del depósito a la manguera o tubo de aire.

- Boquilla situada al final del tubo para generar una nube de polvo.

- Ventilador para generar la corriente de aire.

- Depósito para el producto fitosanitario en forma de polvo.

- Manivela de accionamiento.

Figura 3.1. Equipo mecánico para espolvoreo.

Figura 3.2. Termonebulizador.

b) Espolvoreadores de tracción mecánica: son los indicados para realizar tratamientos fitosanitarios por espolvoreo a grandes extensiones de cultivo agrícola o forestal.

Las características que definen estos últimos equipos son:

- Depósito o tolva de gran capacidad, con su correspondiente agitador (mecánico-neumático).

- Alimentador que hace llegar el polvo a la cámara de aventamiento mediante un regulador.

- Fuelle, ventilador o turbina para introducir la corriente de aire.

- Manguera y boquilla espolvoreadora.

Un ejemplo de regulación de dosis en un espolvoreador sería el siguiente:

Datos del equipo a presión y velocidad normal de trabajo:

- Anchura de trabajo: 30 metros.

- Recorrido: 200 metros.

- Gasto de producto fitosanitario: 15 kg de polvo.

¿Cómo está regulada la dosificación de la máquina espolvoreadora?

30 metros (anchura) × 200 metros (longitud) = 6000 metros cuadrados (m²)

En 6000 m² se aplican 15 kg de polvo; si una hectárea (ha) son 10 000 m², la dosis es:

$$\text{Dosis por ha} = \frac{10\,000 \times 15}{6000} = 25 \; \frac{\text{kg}}{\text{ha}}$$

3.1.2. Pulverización

Hay diferentes técnicas para lograr la pulverización: impulsar el volumen líquido a presión por una boquilla, utilizar la velocidad que da una corriente de aire, la fuerza centrífuga de un disco giratorio, etc. En una primera clasificación, atendiendo a la formación de gotas y su transporte a chorro, se diferencian dos tipos principales de pulverizadores:

a) Sulfatadora o pulverizadores de chorro proyectado: son los equipos de pulverización más utilizados en agricultura. Las gotas alcanzan el cultivo gracias a la energía cinética que poseen a la salida de las boquillas debido a la presión hidráulica que se les transmite, como en un pulverizador de mochila.

b) Pulverizadores de chorro transportado: donde a la presión hidráulica se une una corriente de aire a gran velocidad, que impulsa, desmenuza y arrastra todavía más las gotas fitosanitarias, como en un atomizador o un pulverizador hidroneumático. A su vez, estos equipos pueden ser divididos también según el modo en el que forman las gotas:

- Equipos mecánicos: la boquilla pulveriza el caldo por la presión que le imprime una bomba hidráulica:

  — Pulverización hidroneumática.

  — Pulverización mecánica de chorro transportado.

  — Nebulización.

- Equipos neumáticos: una veloz corriente de aire, donde se deposita una lámina de caldo, es la que lo pulveriza:

  — Pulverización neumática.

  — Atomización.

c) Pulverizadores centrífugos: las gotas van formándose debido a la fuerza centrífuga que le imprime a la vena líquida un disco que gira con gran velocidad angular.

d) Otros sistemas de pulverización:

- Sistemas productores de niebla: el fitosanitario, disuelto en aceite o agua con aditivos de nebulización oleosos, queda introducido en aire caliente y se vaporiza. Cuando sale al exterior, el aceite se condensa, produciendo una niebla densa con pequeñísimas gotas, cuyo tamaño varía entre 1 y 30 micras. Es adecuado para tratar en silos, invernaderos, almacenes, entre otros.

- Aerosoles: funcionan por la dispersión de un fitosanitario en un sistema envasado a presión.

- Espuma pulverizadora: se consigue al adicionar una sustancia espumosa en la cuba de líquido fitosanitario.

Son ocho los elementos principales que forman parte de un equipo de pulverización agroforestal:

- Cuba o depósito: con capacidad entre 100 y 5000 litros. Deben ser de material plástico, generalmente de fibras de vidrio con resinas, aunque suelen transmitir sustancias residuales al caldo fitosanitario. Los que cada vez se imponen más son los de polipropileno, de mejor limpieza, sin degradación ni residuos.

- Agitadores: elementos fundamentales para conseguir un líquido bien homogeneizado. Pueden ser: hidráulicos (los más utilizados), mecánicos o mixtos.

- Bomba: dota de la presión necesaria, proyectando el caldo fitosanitario desde la cuba hasta las boquillas. Las bombas de pistón y de membrana son las más recomendadas para ello.

- Reguladores: ajustan el caudal mediante la presión ejercida por la bomba. Dada su sofisticación y cada vez mayor precisión (control electrónico), aportan al tratamiento una gran seguridad.

- Manómetros: dispuestos junto a las tuberías de impulsión desde la bomba, tienen como finalidad indicar, en todo momento, la presión del fluido en ese punto. Son muy importantes, pues de su buen funcionamiento depende la correcta dosificación de la máquina.

- Filtros: elementos que impiden el paso de impurezas que pudieran obstruir las conducciones o boquillas del equipo pulverizador.

- Las mangueras, lanzas, pistolas, etc., son accesorios que facilitan el aplicar manualmente la pulverización, llevando la vena líquida hasta la boquilla, con mecanismos de apertura-cierre y protección.

- Boquillas: elementos encargados de proporcionar una buena distribución del producto, siendo piezas clave para la eficacia del tratamiento. Una buena boquilla no debe degradarse con los diferentes productos fitosanitarios, de tal forma que la dimensión del orificio no se deforme.

En los tratamientos realizados a la masa vegetal, siempre hay que considerar el punto de goteo. En estos casos las etiquetas recomiendan una dosis de dilución de producto fitosanitario en el agua, pero no indican, a veces, la dosis de caldo por unidad superficial. Lo más adecuado es realizar un tratamiento que moje uniformemente la superficie foliar de las plantas pero sin llegar a lo que se conoce como punto de goteo. A partir de dicho punto el producto fitosanitario pulverizado irá escurriendo por el ápice de las hojas hasta caer al suelo.

Figuras 3.3-3.4. Atomizador.

Tabla 3.1. Tipos de boquillas

Intervenciones	TIPO DE BOQUILLAS				
	Hendidura		De orificio	Turbulencia	Deflectoras
	80º	110º			
Herbicida en suelo desnudo	xx	xx	—	—	x
Herbicida en preemergencia	xx	xx	—	—	—
Herbicida en posemergencia	xx	xx	—	—	—
Herbicida + abono (suelo desnudo)	x	x	—	—	x
Herbicida + abono (sobre cultivo)	x	x	—	—	—
Abono en suelo desnudo	x	x	—	—	xx
Abono en cultivo	—	—	xx	—	—
Insecticidas y fungicidas	xx	xx	—	xx	—

XX: buena eficacia; **X**: eficacia media; — : mala eficacia → evitar su empleo)

Figura 3.5. Equipo de pulverización.

Un ejemplo de regulación de dosis en un pulverizador sería el siguiente:

Datos del equipo a presión y velocidad normal de trabajo:

- Cuba para caldo fitosanitario de 1000 litros.

- Anchura de trabajo: 5 metros.

- Recorrido: 100 metros.

- Gasto de caldo fitosanitario: 40 litros.

Si la dosis del producto fitosanitario es de 2 litros por hectárea, ¿qué dosis debe aportarse a la cuba del pulverizador para preparar el caldo fitosanitario?

$$5 \text{ metros (anchura)} \times 100 \text{ metros (longitud)} = 500 \text{ m}^2$$

En 500 m² se aplican 40 litros de caldo fitosanitario y, como una hectárea son 10 000 m², la dosis es:

$$\text{Volumen de caldo por ha} = \frac{10\,000 \times 40}{500} = 800 \text{ }^L\!/_{ha}$$

Si en una hectárea se consumen 800 litros de caldo, con una cuba de 1000 litros, se tratará una superficie de:

$$\text{Superficie trabajada con una cuba} = \frac{10\,000 \times 1}{800} = 1,25 \text{ }^{ha}\!/_{\text{cuba de 1000 L}}$$

Si una cuba de 1000 litros puede ser aplicada en 1,25 hectáreas y la dosis del producto es de 2 litros/ha, la medida del producto fitosanitario que se debe añadir a la cuba para preparar el caldo es:

$$1,25 \text{ ha/cuba de 1000 litros (gasto)} \times 2 \text{ litros/ha (dosis)} = 2,5 \text{ litros/cuba}$$

3.1.3. Fumigación

Son equipos emisores de gas o vapor, por diferencia de presión, que constan de un depósito y una bomba. Para realizar tratamientos bajo este método, se requiere una formación específica (nivel de capacitación), según el Real Decreto 830/2010, de 25 de junio, por el cual se fija la normativa reguladora de capacitación para realizar tratamientos con biocidas.

Aparte de contar con la maquinaria más apropiada para cada tipo de tratamiento fitosanitario, puede afirmarse que su éxito dependerá de una buena elección de productos, aplicados a una dosis apropiada en el momento preciso.

Figura 3.6. Operario fumigando.

3.2. Limpieza, mantenimiento, regulación y revisión de los equipos

El control de la limpieza y el mantenimiento de los componentes que forman los equipos de tratamiento son imprescindibles para garantizar una mayor eficacia, tanto económica como medioambiental. Pero esto solo no sería suficiente, ya que también es necesario regular los parámetros de trabajo, así como realizar las posteriores calibraciones y revisiones periódicas de la maquinaria.

Así, la regulación de los equipos de tratamientos fitosanitarios es un elemento clave para el gasto de producto por hectárea, perdiendo eficacia si los componentes de aquellos no están en perfecto estado de conservación. Además, el equipo se ve sometido a otros factores, tales como el desgaste debido a ciertas propiedades del producto (acidez, corrosión...), la temperatura, presión de trabajo, el desgaste mecánico, las condiciones climáticas extremas, etcétera.

3.2.1. Limpieza y mantenimiento

Realizar tratamientos fitosanitarios de forma correcta implica disponer de la maquinaria en un adecuado estado de mantenimiento. Esto evitará que se produzcan accidentes durante las aplicaciones y proporcionará unos tratamientos más eficaces, así como un ahorro en el tiempo de trabajo.

Para obtener buenos tratamientos fitosanitarios, además de actuar como una medida reductora de los riesgos toxicológicos y de la contaminación medioambiental, es necesario realizar una correcta limpieza y un buen mantenimiento de los equipos y sus accesorios al final de cada jornada laboral. En cuanto al estado general de la maquinaria, hay que tener en cuenta lo siguiente:

- Lavar el equipo con detergente por fuera para eliminar la suciedad más grosera (barro, arena, tierra...) que pueda tener adherida.
- Revisar la presión de aire y el estado de los neumáticos.
- Comprobar el estado del enganche, concretamente las protecciones de la toma de fuerza y la bomba.
- Verificar las partes metálicas y repintarlas cuando estén oxidadas o mal protegidas.
- Proteger de las heladas, vaciando completamente todo el circuito.

Los modernos equipos disponen de un depósito de limpieza. Tras concluir el tratamiento se deben intercambiar las válvulas y dejar que se limpien el depósito y el circuito de presión, mientras termina de tratarse la zona de cultivo. Es recomendable, para ello, aumentar la velocidad de trabajo y bajar la presión.

En el caso de no disponer de dicho depósito, se debe diluir (10:1) en agua el remanente y proceder de igual forma. Se pueden realizar cambios de sentido (marcha adelante-atrás), y así el agua podrá limpiar los restos de producto en las partes delantera y trasera del depósito.

También es muy importante realizar un mantenimiento diario de las boquillas, desmontando los filtros y limpiando con cuidado para evitar posibles roturas de las mallas. En caso de que los filtros estén desgastados, deberán sustituirse para no ver comprometido el coeficiente de uniformidad en las boquillas. Cuando la máquina esté ya completamente limpia, se montarán los filtros.

Como medida de precaución contra la corrosión del equipo, el depósito podrá tener la tapa de llenado quitada, evitando así concentraciones indeseables de gases, humedades relativas altas, etcétera.

Aparte de todo lo anteriormente dicho, también será necesario un mantenimiento adecuado al final de la campaña, que consistirá en:

- Desmontar las boquillas, revisándolas y sustituyéndolas en caso necesario. Hasta su nuevo uso se podrán dejar desmontadas.

- Los filtros deben ser guardados en un lugar estanco, una vez han sido desmontados y limpiados.

- Aflojar las válvulas reguladoras de la presión.

- Comprobar el nivel de aceite de la bomba.

- Engrasar la toma de fuerza, la bomba de impulsión y el resto de piezas mecánicas rotativas.

- No dejar el equipo a la intemperie.

- Recurrir al uso de anticongelante para casos de posibles heladas, echando el producto en el depósito y accionando la bomba unos minutos para que lo incorpore al circuito.

- Pintar y/o reparar las zonas dañadas, en caso de que las hubiera.

- Revisar la presión de hinchado de los neumáticos.

- Comprobar que no hay fugas en la cuba y en las conducciones.

Figura 3.7. Limpieza interior de la cuba de aplicaciones fitosanitarias.

Figura 3.8. Limpieza de un equipo fitosanitario impulsado manualmente.

Figura 3.9. Boquillas.

3.2.2. Regulación de los equipos

Se define regulación como el conjunto de operaciones que aseguran la correcta distribución de un producto agroquímico sobre los cultivos o suelos. En definitiva, la regulación de la maquinaria consistirá en preparar y poner a punto el equipo para optimizar así las aplicaciones fitosanitarias.

Una correcta regulación proporciona fiabilidad al tratamiento, minimiza el riesgo de contaminación medioambiental y la del propio aplicador, y disminuye los costes económicos de los tratamientos fitosanitarios.

Para lograr optimizar la distribución en un tratamiento, se precisa:

- Distribución y recubrimiento uniforme.

- Buena penetración del producto en la masa vegetal.

El operador que ha de realizar un tratamiento fitosanitario deberá conocer antes las prestaciones y posibles regulaciones de su equipo.

Todos los dispositivos para realizar mediciones, abrir o cerrar y regular la presión y/o el caudal deben funcionar de manera fiable y sin producir fugas.

Figura 3.10. Equipo de aplicación fitosanitaria terrestre.

Figura 3.11. Tractor forestal.

3.2.3. Inspección de los equipos fitosanitarios en uso

El Real Decreto 1702/2011, de 18 de noviembre, de inspecciones periódicas de los equipos de aplicación de productos fitosanitarios, rige las inspecciones en los equipos fitosanitarios en uso actual. Se consideran objeto de inspección:

a) Equipos móviles de aplicación de productos fitosanitarios, inscritos en el Registro Oficial de Maquinaria Agrícola (ROMA) y utilizados en la producción agrícola y forestal, así como los equipos utilizados en otros usos profesionales y que se correspondan con:

- Pulverizadores hidráulicos (de barras o pistolas de pulverización).

- Pulverizadores hidroneumáticos.

- Pulverizadores neumáticos.

- Pulverizadores centrífugos.

- Espolvoreadores.

b) Equipos de aplicación montados a bordo de aeronaves, que deberán disponer de la mejor tecnología disponible para reducir la deriva de la pulverización fitosanitaria.

c) Equipos instalados en el interior de invernaderos u otros locales.

Desde el año 2020, las inspecciones deben realizarse cada tres años en todos los equipos citados. Quedan excluidos los pulverizadores de mochila, los pulverizadores de arrastre manual (carretilla) con depósito de hasta 100 litros, y otros equipos, móviles o estáticos, no contemplados anteriormente.

3.3. Calibrado

El calibrado corrige cualquier deficiencia o mal funcionamiento de la máquina.

3.3.1. Verificación de la maquinaria de tratamiento

Con la realización de tratamientos fitosanitarios debe acondicionarse y regularse correctamente la maquinaria para la ejecución de dichas operaciones. Por ello, debe comprobarse lo siguiente:

- Que el estado de la toma de fuerza, su protección y la cadena de sujeción están correctamente.

- Buen funcionamiento de los manómetros.

Figura 3.12. Inspección de un atomizador en uso para tratamientos fitosanitarios.

Figura 3.13. Unidad móvil para inspeccionar equipos de aplicación fitosanitaria.

- El sistema de agitación interna que lleva el depósito debe funcionar eficientemente.

- Verificar el estado de la válvula de seguridad en el circuito.

- Que la bomba no tenga fugas de líquido.

- La estanqueidad total en el depósito, evitando que aparezcan fugas de caldo.

- Correcto estado para el filtro de llenado, evitando roturas o un mal funcionamiento en el mismo.

- El indicador de nivel en el depósito debe ser visible desde la zona de conducción y de llenado.

- Buen funcionamiento para el sistema de antirretorno.

- Correcto funcionamiento en el sistema de limpieza de los envases.

- El cierre para el sistema de antigoteo de las boquillas es correcto.

- Verificar el estado de las tuberías de conducción del caldo.

- El correcto estado de los filtros ubicados en las canalizaciones.

- Que la barra de tratamiento se mantenga horizontal y estable.

- Que los elementos de seguridad para el transporte de la barra funcionan correctamente.

- La correcta disposición de las boquillas ubicadas en la barra.

- La uniformidad en altura de la barra para toda su longitud.

- Buen estado de los dispositivos reguladores de la barra.

- Para el caso de atomizadores, comprobar el buen funcionamiento de los ventiladores.

- Mantener limpia la maquinaria, eliminando cualquier sustancia de productos de tratamientos anteriores.

3.3.2. Calibración de maquinaria para tratamientos fitosanitarios

Debido al uso (desgaste), rotura o una mala regulación de sus elementos, la maquinaria para el tratamiento de plantas con productos fitosanitarios puede funcionar deficientemente. Para solucionarlo se realiza una revisión y un calibrado de la misma. De tal forma, la dosis estimada no será distinta de la realmente aplicada y se distribuirá uniformemente, consiguiendo así un tratamiento eficaz y, por lo tanto, se tendrá una reducción de los costes económicos.

Los beneficios obtenidos para quienes realizan la revisión y calibración de su equipo son:

- Ahorro de producto fitosanitario.
- Mayor eficacia en el tratamiento.
- Aumento de la seguridad y salud laboral.
- Garantizar la seguridad y calidad sobre los productos obtenidos (alimentos, maderas, corcho, etc., exentos de residuos).
- Reducción de la contaminación medioambiental.

Para la revisión, se realizan exámenes visuales de los elementos de la máquina, con o sin accionamiento de la misma, y se comprueba todo el sistema de seguridad. En la calibración de los equipos de aplicaciones fitosanitarias lo que se toman son medidas de precisión sobre su manómetro (que se corresponde con el punto de control de la presión de la máquina), la distribución de caudal en las boquillas y las presiones en distintos puntos mecánicos.

Para la revisión y calibración de atomizadores en uso se utiliza un protocolo adaptado de la norma europea y española: UNE-EN ISO 16122-3:2015, actualmente vigente, y que pronto será sustituida por la norma PNE-prEN ISO 16122-3 (ISO/DIS 16122-3:2022: pulverizadores para cultivos arbustivos y arbóreos). Este protocolo indica los elementos de la máquina que deberán examinarse, los requisitos que han de cumplir los elementos y la valoración de los defectos detectados (graves, medios o leves).

3.4. Transporte y almacenamiento de productos fitosanitarios

3.4.1. Almacenes de productos fitosanitarios

En el almacenamiento de productos fitosanitarios, deberán evitarse las posibles inundaciones e irán ubicados lejos de los cursos hídricos. Por lo tanto, no se ubicarán almacenes de productos fitosanitarios en lugares próximos a las masas de agua superficiales (ríos, arroyos, balsas, etc.) o a los pozos destinados a la extracción de agua.

Los almacenes de productos fitosanitarios irán cerrados con paredes de obra y separados de viviendas u otros locales habitados, así como de otros enseres almacenados, especialmente material vegetal y otros productos de consumo animal o humano. Los materiales de construcción deberán ser ignífugos y el interior estará protegido de temperaturas exteriores extremas y de la humedad ambiental. El suelo será impermeable y fácil de limpiar. Los armarios o cuartos de productos fitosanitarios irán ubicados en aquellas zonas de los locales libres de humedad y lo más protegidos posible de las temperaturas extremas o fuentes de calor, además de ir provistos de cerraduras.

En estos almacenes deberá señalizarse lo siguiente:

- La prohibición de paso a personas ajenas al recinto.

- El peligro de los productos allí almacenados.

- La prohibición de fumar y encender fuego.

La iluminación de los almacenes debe permitir la realización adecuada de los trabajos de carga o descarga, lectura de las etiquetas, etc., con un mínimo de 100 lux. Existirá ventilación de tipo natural o forzada, con salida hacia el exterior (no a patios o galerías de servicios interiores).

Asimismo, se deberá disponer en el almacén de un contenedor acondicionado con una bolsa de plástico para envases dañados o vacíos, restos de productos, restos de cualquier vertido accidental, etc. También se dispondrá de los medios adecuados para recoger derrames accidentales.

Cuando los productos fitosanitarios vayan colocados en estanterías o lugares altos, los envases líquidos irán situados por debajo de los productos en polvo. Nunca se almacenarán los alimentos o útiles de comer y el equipo de protección individual junto a los productos fitosanitarios, y estos a su vez irán siempre separados de sustancias químicas incompatibles.

3.4.2. Transporte de productos fitosanitarios

Legislación básica:

- Transporte por carretera: Real Decreto 97/2014, de 14 de febrero, por el que se regulan las operaciones de transporte de mercancías peligrosas por carretera en territorio español.

- Transporte por ferrocarril: Real Decreto 412/2001, de 20 de abril, por el que se regulan diversos aspectos relacionados con el transporte de mercancías peligrosas por ferrocarril.

Figuras 3.14-15-16. Armarios metálicos para guardar productos fitosanitarios bajo llave.

Figura 3.17. Insecticida usado en el almacenamiento de granos y semillas.

Figura 3.18. Almacén de productos fitosanitarios para tratamientos aéreos.

Figura 3.19. Manejo de productos fitosanitarios en almacén.

Normas mínimas:

- Disponer de material necesario en caso de vertido accidental: equipos de protección individual, material inerte, contenedor vacío con bolsa de plástico, recipiente con agua, pala o similar, botiquín, etcétera.

- No se deberán atravesar los cauces de agua con el equipo de tratamiento cargado.

- El transporte se realizará de forma que no se puedan producir vertidos accidentales: envases cerrados, colocados verticalmente y con su apertura hacia la parte superior.

- Organizar y sujetar la carga correctamente para que no se produzcan roturas de los envases.

3.5. Equipo de protección personal

Una vez verificados los puntos antes citados, deberá realizarse la manipulación de los fitosanitarios empleando para ello los denominados equipos de protección individual (EPI), destinados proteger a los trabajadores de posibles agresiones físicas, químicas o biológicas que puedan presentarse mientras desarrollan su actividad laboral. Esta protección se realiza específicamente para cada tipo de producto químico empleado. Toda explotación agrícola o forestal debe proveer a los trabajadores de cuantos equipos de protección individual (EPI) necesiten para desarrollar su actividad con total seguridad.

Al realizar la disolución de los productos fitosanitarios en la cuba, si su consistencia es de tipo sólido, hay que preparar, antes de verterlos a ella, una papilla con la dosis de cada producto en un cubo con agua, y una vez bien homogeneizada, se verterá en la cuba medio llena de agua, rellenándola hasta el nivel deseado. Una vez completado el nivel de agua, se mantendrá en agitación continua el caldo elaborado durante unos minutos hasta que se compruebe que la disolución es totalmente homogénea. Llegado este momento, se podrá iniciar el tratamiento fitosanitario.

3.5.1. Protecciones de la piel: guantes

Los guantes deben usarse como protección cutánea frente a riesgos mecánicos y cuando se manipulan sustancias corrosivas, irritantes, con una toxicidad elevada o un gran poder para penetrar a través de la piel, productos calientes o fríos, objetos de vidrio si hay peligro de rotura, etcétera.

A la hora de seleccionar un guante de seguridad es necesario conocer su idonei-dad, en función de los productos químicos utilizados:

- Nitrilo: buena resistencia frente a químicos en general, son muy resis-tentes a gasolina, queroseno y otros derivados del petróleo; también se usan para prevenir las alergias a los guantes de látex. Sin embargo, no se recomienda su empleo frente a cetonas, ácidos oxidantes fuertes y pro-ductos químicos orgánicos que contengan nitrógeno.

- Vinilo: son muy usados en la industria química por su bajo coste y por ser desechables, además de duraderos y con una buena resistencia frente a cortes. Ofrecen una resistencia química mayor que otros polímeros fren-te a disoluciones inorgánicas oxidantes. No se recomienda usarlos frente a cetonas, éter y disolventes.

- Látex: proporcionan una protección ligera frente a sustancias irritantes; algunas personas pueden tener alergia a este material.

- Caucho natural: protegen contra descargas eléctricas y frente a sustan-cias corrosivas de acción suave.

- Neopreno: son excelentes frente a productos químicos orgánicos e inor-gánicos, incluidos alcoholes, aceites y tintes. La flexibilidad es otra de sus características. No se recomienda su empleo para sustancias oxidan-tes. Al igual que los guantes de nitrilo, pueden usarse como sustitutos de los de látex, ofreciendo buena protección frente a cortes.

- Algodón: absorben la transpiración, mantienen limpios los objetos que se manejan y retarda el fuego.

3.5.2. Protección acústica

Los protectores auditivos reducen el ruido que percibe una persona situada en un ambiente ruidoso. Se debe llevar protección acústica cuando el nivel de rui-do sea superior a 85 decibelios.

Las áreas con excesivo ruido se deben anunciar con símbolos indicando que se requiere una protección acústica. Los protectores acústicos deben estar dispo-nibles fácilmente y ser de caucho natural. Entre estos tipos de protección acús-tica se incluyen:

- Auriculares: proporcionan protección básica aislando el oído frente al ruido.

- Tapones: proporcionan una protección mayor frente al ruido y son más cómodos que los auriculares y más baratos.

3.5.3. Protección ocular

Una protección ocular inadecuada puede generar, además, trastornos leves que producen picor o enrojecimiento de los ojos, pero también puede provocar úlceras en la córnea, dañar seriamente la retina o acelerar otros procesos degenerativos. Las partículas extrañas (polvo, suciedad, partículas de metal, astillas de madera, etc.), pueden causar daño a la vista. Estas impactan en el ojo al ser transportadas por el viento y también al desarrollar diversas actividades laborales, como esmerilar, serrar, cepillar, martillear, etc., o por el uso de herramientas manuales, maquinaria y equipos eléctricos.

Existen varios dispositivos de protección de la vista:

- Gafas: que solo cubren los ojos.

- Pantallas: además de los ojos, resguardan parcial o totalmente la cara u otras zonas de la cabeza.

3.5.4. Protección de las vías respiratorias

Los equipos de protección respiratoria se clasifican en dos grupos:

- Equipos filtrantes: utilizan un filtro para eliminar los contaminantes del aire inhalado por el usuario.

- Equipos aislantes: aíslan al usuario del entorno y proporcionan aire limpio de una fuente no contaminada.

Los contaminantes aerotransportados pueden ser: partículas (polvos, nieblas y humos) o gases y vapores. Debido a ello, habrá que seleccionar el equipo de protección respiratoria más apropiado frente a los riesgos por inhalación de agentes químicos (abonos, fitosanitarios, productos de limpieza, residuos agrícolas, etc.), así como formar al usuario en su correcto uso y mantenimiento.

3.5.5. Protección de los pies: calzado de seguridad

En una primera clasificación básica, se distinguen tres tipos de calzados que incorporan elementos para proteger a los usuarios frente a un accidente laboral: de seguridad, protección y de trabajo. Los dos primeros garantizan la protección contra impactos y la compresión en la parte delantera (dedos) del pie.

Figura 3.20. Trajes usados en aplicaciones de productos fitosanitarios.

Entrenamiento para utilizar el equipo de protección individual

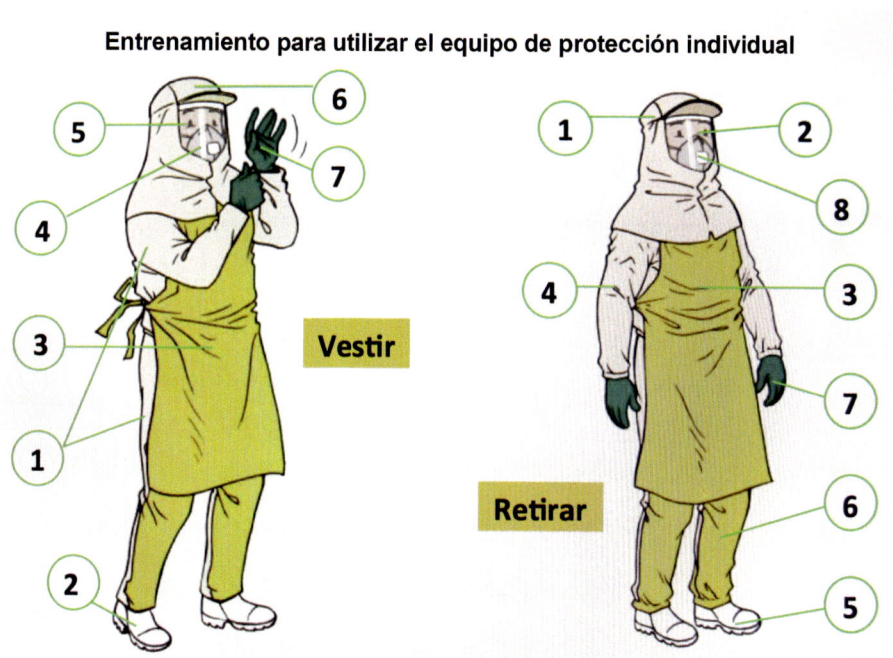

Figura 3.21. Protocolo de actuación para vestir y retirar el equipo de protección individual en tratamientos fitosanitarios.

Figura 3.22. Manejo de los EPI en aplicaciones fitosanitarias.

Figura 3.23. Cartel dedicado a los EPI, realizado por el INSST.

RECUERDA...

Sobre los equipos de aplicación

Según sea la naturaleza de los productos químicos empleados, los equipos para realizar aplicaciones fitosanitarias en agricultura, montes y jardinería son de tres tipos principales:

- Producto sólido: mochila manual o maquinaria de tracción mecánica para espolvoreo.

- Líquido: aerosoles, pulverizadores domésticos, mochilas de pulverización, sulfatadoras, atomizadores, nebulizadores, etcétera.

- Gas o vapor: fumigadores.

Sobre la obtención de preparados fitosanitarios

Para lograr la optimización de un tratamiento fitosanitario se debe considerar la uniformidad en su distribución, así como acondicionar y regular correctamente la maquinaria o los equipos que se utilizarán en las operaciones de carga, mezclado, aplicación, etc.

Sobre la limpieza, mantenimiento, regulación y revisión de los equipos fitosanitarios.

Los distintos componentes de la maquinaria y los equipos agroforestales de tratamientos fitosanitarios, además de controlarse su limpieza y buen mantenimiento mediante revisiones periódicas, deberán estar correctamente calibrados a los parámetros de trabajo que se necesite para cada operación.

PROBLEMAS PROPUESTOS

3.1. El equipo de un espolvoreador trabaja con una anchura de 25 metros y un recorrido lineal de 100 metros, empleando 10 kilogramos de polvo para cubrir toda la superficie. Con estos datos, calcular cómo está regulada la dosificación de la máquina en kg/ha.

3.2. Un equipo pulverizador trabaja con una cuba para caldo fitosanitario de 1500 litros y su anchura de tratamiento es de 5 metros. Al recorrer la máquina 100 metros gasta 50 litros de caldo. Si la dosis del producto fitosanitario es de 2,5 litros por hectárea, ¿qué dosis debe aportarse a la cuba del pulverizador para preparar el caldo?

4. Normativa relacionada con las actividades auxiliares en el control de agentes causantes de plagas y enfermedades de las plantas forestales

Introducción

Los productos fitosanitarios tienen la consideración legal de sustancias peligrosas. A lo largo de la obra, se ha hecho hincapié sobre las incidencias negativas que un mal uso de los mismos puede acarrear para las personas y el medio ambiente. Por lo tanto, la manipulación y el uso de productos químicos fitosanitarios inciden sobre los propios aplicadores y afectan a su entorno natural inmediato. A su vez, la existencia o no de residuos de plaguicidas influye sobre la salud humana de los consumidores finales de productos agroforestales. Existen diversas normas legislativas, tanto en el ámbito de la UE como estatal y autonómico, que velan por la salud humana y el medio ambiente, controlando el uso de sustancias químicas peligrosas en los montes. Los productos fitosanitarios están estrictamente regulados por normativas, desde la creación de su ingrediente activo, fabricación, distribución comercial y transporte, hasta que son aplicados al medio agrícola o forestal, dando lugar a residuos, así como los productos vegetales tratados con ellos. Los tratamientos fitosanitarios usados para el control de plagas y enfermedades que atacan a las plantas han de seguir la normativa vigente respecto a la correcta gestión de los envases vacíos y la protección a la salud humana y el medio ambiente, cuyo incumplimiento daría lugar a infracciones y sanciones. Moderar tanto la dosis de los fitosanitarios como su número anual de aplicaciones influye muy positivamente sobre la naturaleza, ya que debido a ellos el alimento disponible para la fauna silvestre se reduce y puede producir su intoxicación. Este cuarto capítulo plantea la normativa relacionada con los productos fitosanitarios respecto a la prevención de riesgos laborales (PRL) y al medio ambiente.

Contenidos

La mejora de las condiciones de seguridad en el trabajo es un objetivo suficiente como para implantar un sistema de prevención de riesgos laborales en las empresas. También se pueden valorar criterios económicos, ya que la mayoría de las veces los costes «ocultos» de los accidentes (tiempo perdido, malestar entre trabajadores, multas administrativas, conflictos laborales, etc.) resultan ser superiores a los costes asegurados. El incumplimiento por parte de los empresarios de sus obligaciones en materia de prevención de riesgos laborales dará lugar a responsabilidades administrativas y, en su caso, a responsabilidades de tipo penal o civil por los daños y perjuicios que puedan derivarse de dicho incumplimiento.

4.1. Nivel de exposición del operario: medidas preventivas y de protección en el uso de productos fitosanitarios

Los trabajadores agrícolas que manipulan agroquímicos y realizan tratamientos fitosanitarios están sometidos a una exposición laboral con diferentes niveles de contaminación química, que comportan una serie de riesgos evidentes. Los riesgos que pueden sufrir los operarios manipuladores de agroquímicos o aplicadores de tratamientos fitosanitarios dependerán de varios factores:

- Propiedades físico-químicas y toxicológicas del fitosanitario, prestando especial interés a su formulación y toxicidad.

- Estado del producto (sin diluir o diluido).

- Vías expuestas (respiratoria, dérmica o digestiva).

- Grado de exposición.

- Duración de la exposición, especialmente aquellas prolongadas.

Para obtener una información adecuada del riesgo toxicológico que puede presentar la exposición al fitosanitario, se debe:

- Leer atentamente la etiqueta y su información toxicológica.

- Recurrir al asesoramiento de un técnico cualificado.

- Realizar el tratamiento en las condiciones más adecuadas.

- Trasmitir, de forma clara y concisa, las instrucciones relativas a la prevención de riesgos laborales al personal aplicador.

- Supervisar las labores de tratamiento.

Conocer el nivel de la exposición de un operario es una herramienta muy útil e importante, ya que, por ejemplo, la exposición simultánea o combinada a más de una sustancia química puede producir algún efecto sinérgico. Por todo ello, la información referente a la exposición laboral deberá ser también el punto de partida para seleccionar las medidas de protección adecuadas (EPI). Para reducir el nivel de la exposición ante los efectos tóxicos de los fitosanitarios, los operarios que trabajan con estos productos, no solo cumplirán una serie de protocolos a la hora de manipularlos o realizar tratamientos de sanidad vegetal, sino que también irán protegidos adecuadamente, usando para ello equipos de protección individual (EPI). A continuación, se describen las medidas preventivas y de protección personal que, con carácter general, deberán aplicarse para poder dar unas instrucciones adecuadas a los operarios cuyo trabajo sea manipular productos fitosanitarios.

4.1.1. Medidas preventivas

a) Antes del tratamiento fitosanitario:

- Solicitar, en su caso, el asesoramiento técnico especializado, informando de las incompatibilidades que pueda tener el fitosanitario, precauciones particulares y efectos negativos, entre otros.

- Elegir el fitosanitario adecuado, priorizando los que tengan menores riesgos para la salud humana y el medio ambiente.

- Leer atentamente la etiqueta del envase y seguir las instrucciones que contenga.

- Transportar y almacenar los fitosanitarios de tal forma que no impliquen peligro alguno. Respetar las dosis recomendadas.

- Tener en cuenta que la mezcla es una de las actividades con más riesgo.

- Revisar todo el equipo de aplicación (mochila, cuba, etc.) para no trabajar con aparatos defectuosos, lo que aumentaría el riesgo.

- Revisar todo el equipo de protección individual (EPI).

b) Durante la operación de tratamiento fitosanitario:

- Asegurarse de que todo el personal aplicador utiliza un equipo de protección adecuado.

- Seguir las recomendaciones de las etiquetas.

- Efectuar frecuentes rotaciones entre los operarios aplicadores.

Figura 4.1. Aplicador de productos fitosanitarios con mochila individual.

- No comer, beber ni fumar y, si se hace, ir a un lugar adecuado para ello y lavarse las manos y la cara.

- No tomar bebidas alcohólicas.

- Nunca limpiar las boquillas usando la boca para soplar.

- Lavarse las manos antes de asearse.

- Detener los tratamientos con meteorología desfavorable.

- No detenerse nunca en la zona tratada.

- Es preferible que los aplicadores que sean fumadores no lleven tabaco.

- Evitar que personas ajenas al trabajo asistan a lugares donde se manipulan o aplican productos fitosanitarios.

- El uso de aparatos medidores de la calidad ambiental es obligatorio en fumigaciones para espacios cerrados.

- Supervisar el cumplimiento de toda la normativa laboral.

c) Tras el tratamiento fitosanitario:

- Higiene personal adecuada, para no prolongar más de lo necesario la exposición a los productos agroquímicos, duchándose y cambiando de ropa cuando se termina el trabajo.

- Tomar determinados alimentos después de trabajar con fitosanitarios, pensando que así se van a neutralizar los productos tóxicos que hayan podido acceder al organismo, es una idea muy errónea.

- No acceder a un lugar tratado o a sus inmediaciones hasta que hayan transcurrido, al menos, 24-48 horas tras la aplicación del tratamiento, o bien seguir lo indicado en la etiqueta (prioritario).

- Señalizar la zona tratada para evitar accidentes, lo cual es obligatorio cuando se utilizan fitosanitarios de uso muy tóxico.

- Mantener el fitosanitario sobrante almacenado en su envase original y guardarlo en lugar seguro.

- Los envases vacíos deben ser gestionados adecuadamente y quedarán almacenados en un lugar específico antes de ser trasladados al punto de agrupamiento.

- Los utensilios usados junto con los fitosanitarios no deben ser empleados para nada más.

- Los plazos de seguridad hay que cumplirlos estrictamente.

- Está terminantemente prohibido contaminar los cauces de agua.

4.1.2. Medidas de protección

Las medidas de protección individual, utilizadas adecuadamente, reducen el nivel de la exposición a los fitosanitarios y, por lo tanto, la contaminación e intoxicación laboral. Cuanto más tóxico sean los fitosanitarios usados, mayor deberá ser el grado de protección hacia los aplicadores. Las medidas protectoras han de cumplirse obligatoriamente tanto por parte de los trabajadores que deben emplearlas como del personal último responsable de los tratamientos fitosanitarios, que además debe facilitar la formación e información y los medios necesarios para ello.

Protección del cuerpo

- La ropa de protección siempre deberá estar certificada.

- La ropa más apropiada para un aplicador fitosanitario es el traje impermeable y transpirable, bien ajustado (no apretado ni con holgura).
- El cuello debe permanecer cubierto.

Protección de los pies

- Por ser una zona muy expuesta, la mejor protección sería llevar botas, de goma u otro material impermeable, lo más altas posibles y ajustadas en su parte de arriba.
- La parte superior de las botas deberá llevar un material elástico ajustable para que cierre de forma hermética con el pantalón.
- Como las demás prendas de protección, el calzado y los calcetines también deben ser lavados tras cada tratamiento.

Protección de las manos

- Siempre que se manejan fitosanitarios hay que prestar atención a las medidas protectoras de las manos y, sobre todo, los trabajadores que manipulan fitosanitarios concentrados, es decir, quienes los trasvasan o mezclan.
- Los guantes deberán ser de material impermeable, resistente a los productos químicos usados.
- Entre los guantes y las mangas del traje impermeable, habrá un material elástico ajustable para que ambos elementos cierren de forma hermética.
- Las manos deben lavarse siempre después de haber manejado productos fitosanitarios, aunque se hayan llevado los guantes puestos.
- Al terminar la tarea, hay que lavar los guantes (no desechables), interior y exteriormente, poniéndolos luego a secar con los dedos en alto.

Protección de la nariz y la boca

Al ser las vías respiratorias una entrada de gran riesgo, resulta indispensable protegerlas frente a la inhalación de productos fitosanitarios en forma de gas, vapor, partículas o polvo.

Si el producto no es tóxico ni está en forma de gas, deberá usarse mascarilla, teniendo cuidado de que no se moje, si no habría que cambiarla inmediatamente, si es desechable (de papel), o lavarla bien antes de volver a usarla.

Si se utiliza un fitosanitario tóxico o muy tóxico, es obligatorio ponerse careta o mascarilla con cartucho que retenga el producto del aire que se respira. Para ciertos fitosanitarios existen filtros específicos (para ellos o un grupo químico determinado), que son la mejor elección o, a veces, los únicos protectores.

Para exposiciones elevadas, cuando se utilizan fitosanitarios muy tóxicos, pueden utilizarse cascos con capuchas.

Protección de los ojos

Siempre será necesario proteger los ojos de cualquier salpicadura, polvo, vapor o producto corrosivo, tóxico o muy tóxico. Muchos fitosanitarios pueden producir lesiones graves a la vista, incluso la ceguera.

Por ello, es necesario protegerlos, particularmente cuando se trata de pulverizar zonas elevadas o de operaciones con alto riesgo, como son, por ejemplo, los trasvases o las mezclas de productos agroquímicos, debido a que suelen producirse salpicaduras.

La protección de los ojos ha de realizarse con el empleo de gafas o pantallas transparentes.

Figura 4.2. Equipo de protección individual para manejo de productos químicos.

Protección de los oídos

Los protectores auditivos forman parte, a veces, de un equipo completo de protección individual destinado a trabajar con productos fitosanitarios, ya que atenúan el ruido, reduciendo su nivel a un valor adecuado, para evitar así daños al oído.

Su empleo se restringe a equipos con un alto nivel de ruido, como es el caso de los atomizadores de alta potencia.

El sistema de protección auditivo más recomendable para este tipo de actividad son las orejeras: casquetes que cubren las orejas y se adaptan a la cabeza por medio de almohadillas.

4.2. Relación trabajo-salud: normativa sobre prevención de riesgos laborales

Toda explotación agrícola o forestal debe incorporar a su estructura de trabajo la prevención de riesgos laborales, por ser una disciplina que mejora la eficacia y el rendimiento de sus operarios, previene y reduce los accidentes y las enfermedades laborales, revierte sobre la salud humana, etc. Los accidentes de trabajo evidencian errores en la planificación y organización laboral, y no son castigos ni sucesos azarosos contra los que nada se puede hacer. La prevención de riesgos laborales persigue la protección a los operarios, evitando que se produzcan accidentes de trabajo.

Riesgo para la salud humana es la probabilidad que hay de perderla, de que nuestro estado de bienestar físico, psíquico y socioeconómico se deteriore.

La tecnificación mediante máquinas, herramientas y aplicaciones informáticas hacen que un trabajo sea más fácil para una persona, incrementando la producción y disminuyendo el esfuerzo humano, pero a cambio incorpora otros nuevos riesgos para la salud, hasta entonces desconocidos.

El trabajo influye sobre la salud humana tanto positivamente, al favorecer el desarrollo personal, como de manera negativa, ya que puede ocasionar daño, fatiga, estrés y accidentes laborales. A su vez, la salud puede influir también sobre un trabajo de forma positiva, dando lugar a una buena productividad laboral, o negativa, teniendo el efecto contrario.

Atendiendo a la legislación española sobre prevención de riesgos laborales (Ley 31/95, de 8 de noviembre, y Ley 54/2003, de 12 de diciembre), podrían delimitarse dos conceptos básicos: accidente de trabajo y enfermedad profesional. Según sea la forma en que se presenta el daño a la salud que provoca el siniestro laboral (repentina o continuada en el tiempo, esperada o por sorpresa, etc.), variarán las medidas preventivas que se deberán adoptar para evitar tanto accidentes como enfermedades. Accidente de trabajo es toda lesión corporal que un trabajador sufre con ocasión o a consecuencia de las actividades laborales que realiza. La enfermedad profesional es un tipo de lesión que se caracteriza por su diagnóstico, después de que un trabajador haya soportado las agresiones a su salud que la generan, en el desarrollo de su trabajo, durante un periodo de tiempo prolongado. Un servicio de prevención (RD 39/1997, de 17 de enero) es un conjunto de medios humanos y materiales necesarios para realizar las actividades preventivas a fin de garantizar una protección adecuada de la seguridad y la salud laboral, asesorando y asistiendo para ello al empresario, a los trabajadores y a sus representantes o a los órganos de representación especializados.

Debido a sus características, el trabajo en las explotaciones agrícolas y forestales presenta una serie de riesgos de diferente índole que se relacionan, básicamente, con las instalaciones y/o los productos que allí se manipulan según distintas operaciones manuales o mecanizadas. Además, la utilización o el almacenamiento de algunos productos, que por su naturaleza son inflamables, corrosivos o tóxicos, pueden originar graves accidentes.

Para prevenir o minimizar estos riesgos, en primer lugar se deberían establecer una serie de normas de carácter organizativo, sobre los diferentes aspectos aplicables a la mayoría de las explotaciones agrícolas y forestales.

4.2.1. Normativa sobre prevención de riesgos laborales

LPRL:

Ley 31/95, de 8 de noviembre, de Prevención de Riesgos Laborales. Modificada y actualizada por la Ley 54/2003, de 12 de diciembre, de reforma del marco normativo de la prevención de riesgos laborales.

SERVICIOS DE PREVENCIÓN:

Real Decreto 39/1997, de 17 de enero, por el que se aprueba el Reglamento de los Servicios de Prevención. Modificado por el Real Decreto 899/2015 y otros.

LUGARES DE TRABAJO:

Real Decreto 486/1997, de 14 de abril, sobre disposiciones mínimas de seguridad y salud en los lugares de trabajo, modificado por el Real Decreto 2177/2004, de 12 de noviembre.

EQUIPOS DE PROTECCIÓN INDIVIDUAL:

Real Decreto 773/1997, de 30 de mayo, sobre disposiciones mínimas de seguridad y salud relativa a la utilización por los trabajadores de los equipos de protección individual (EPI), modificado por el Real Decreto 1076/2021, de 7 de diciembre.

SEÑALIZACIÓN:

Real Decreto 485/1997, de 14 de abril, sobre disposiciones mínimas en materia de señalización de seguridad y salud en el trabajo, modificado por el Real Decreto 598/2015, de 3 de julio.

MÁQUINAS:

Real Decreto 1644/2008, de 10 de octubre, por el que se aprueban las normas para la comercialización y puesta en servicio de las máquinas, modificado por el Real Decreto 494/2012, de 9 de marzo, para incluir los riesgos de aplicación de plaguicidas.

Real Decreto 448/2020, de 10 de marzo, sobre caracterización y registro de la maquinaria agrícola.

VIBRACIONES MECÁNICAS:

Real Decreto 1311/2005, de 4 de noviembre, sobre la protección de la salud y la seguridad de los trabajadores frente a los riesgos derivados o que puedan derivarse de la exposición a vibraciones mecánicas, modificado por el Real Decreto 330/2009, de 13 de marzo.

CARGAS:

Real Decreto 487/1997, de 14 de abril, sobre disposiciones mínimas de seguridad y salud relativas a la manipulación manual de cargas que entrañen riesgos, en particular dorsolumbares, para los trabajadores.

RUIDO:

Real Decreto 286/2006, de 10 de marzo, sobre la protección de la salud y la seguridad de los trabajadores contra los riesgos relacionados con la exposición al ruido.

AGENTES BIOLÓGICOS:

Real Decreto 664/1997, de 12 de mayo, sobre la protección de los trabajadores contra los riesgos relacionados con la exposición a agentes biológicos durante el trabajo. Sus Anexos I y II quedan adaptados en función del progreso técnico por la Orden TES/1287/2021, de 22 de noviembre.

AGENTES QUÍMICOS:

Real Decreto 374/2001, de 6 de abril, sobre la protección de la salud y seguridad de los trabajadores contra los riesgos relacionados con los agentes químicos durante el trabajo, modificado por el Real Decreto 598/2015, de 3 de julio.

EQUIPOS DE TRABAJO:

Real Decreto 1215/1997, de 18 de julio, sobre disposiciones mínimas de seguridad y salud relativa a la utilización por los trabajadores de los equipos de trabajo, modificado por el Real Decreto 2177/2004, de 12 de noviembre.

PREVENCIÓN DE LESIONES DE ESPALDA

1. EVITA ESFUERZOS INÚTILES:

- No muevas cargas a mano si no es imprescindible.
- Organiza tu espacio de trabajo para evitar movimientos forzados.
- Coloca los elementos y materiales de trabajo ordenados y al alcance de tus manos.

3. ANTES DE TRANSPORTAR CARGAS, INTENTA:

- Inspeccionar la carga, su forma, tamaño y peso.
- Solicitar ayuda, si el peso es excesivo o tienes que adoptar posturas incómodas.
- Utilizar en lo posible carretillas u otros medios mecánicos.
- Buscar un punto de carga cómodo.
- Utilizar las protecciones personales precisas (calzado, guantes, etc...).

2. AL MOVER CARGAS, PROCURA:

- Utilizar puntos de apoyo.
- Aprovechar el peso de tu cuerpo como contrapeso para empujar o tirar de la carga.
- No forzar tu cuerpo durante el movimiento de la carga.
- Evitar movimientos de torsión, girando los pies de forma adecuada.

4. AL LEVANTAR CARGAS, DEBES:

- Separar los pies y colocar uno en dirección al movimiento.
- Mantener la espalda recta.
- Flexionar las piernas.
- Colocar la carga cerca del cuerpo.
- Sujetar la carga firmemente.

5. EN MOMENTOS DE FATIGA O TENSIÓN:

- Realiza una pausa y practica algún ejercicio de relajación.

MINISTERIO DE TRABAJO E INMIGRACIÓN

INSTITUTO NACIONAL DE SEGURIDAD E HIGIENE EN EL TRABAJO

Figura 4.3. PRL respecto a la manipulación de cargas (INSST).

Figura 4.4-4.5. Levantamiento manual de cargas (Fuente: INSST).

4.2.2. Los riesgos laborales y sus medidas preventivas en las actividades agroforestales

Los mayores riesgos para los trabajadores agroforestales provienen de:

a) Herramientas manuales y, en particular, de las cortantes.

b) Las máquinas agroforestales (RD 448/2020, de 10 de marzo). En particular más de la tercera parte de las muertes por accidente de trabajo que se registran en las actividades agroforestales en todo el mundo se relacionan con el uso de los tractores.

c) La exposición a los plaguicidas (RD 3349/1983, de 4 de noviembre, y sus posteriores modificaciones).

Caídas al mismo nivel

Las medidas preventivas que se deberán adoptar son:

• Retirar los objetos innecesarios, envases, herramientas que no estén utilizándose para llevar a cabo una tarea.

• Los equipos que puedan ocasionar pérdidas de líquidos, dispondrán de sistemas de recogida y drenaje.

• Limpiar inmediatamente la suciedad o los derrames.

- Mantener las zonas de paso de maquinaria despejada y perfectamente señalizada.

- Concienciar a los trabajadores en el mantenimiento, la limpieza y el orden de sus puestos laborales.

- Usar un calzado apropiado, con suelas antideslizantes y los cordones debidamente anudados.

- Marcar y señalizar los obstáculos que no puedan ser eliminados.

Caídas a distinto nivel

Medidas preventivas:

- Asegurar todos los elementos de las escaleras de mano, colocar apoyos antideslizantes y prestar atención al ángulo de su apertura y a la forma en que se utiliza.

- Subir a las escaleras de mano con mucha precaución, y siempre de frente a ellas, agarrándose con ambas manos al subir y bajar, sin llevar ningún objeto en ellas.

- Cuando los largueros de la escalera sean de madera, deberán ser de una sola pieza, estar bien ensamblados y sin pintar.

- Los tractores y otros vehículos agroforestales autopropulsados han de tener estribos, escaleras y asideros. Acceder siempre a la máquina por los medios habilitados a tal efecto.

- No transportar personas en los vehículos agrícolas ni en sus remolques.

- No subir sobre máquinas cuando sea necesario darle más peso a estas.

Atrapamientos

Medidas preventivas:

- Comprar equipos que sean seguros y presenten el marcado CE (Real Decreto 1644/2008, de 10 de octubre, y RD 494/2012, de 9 de marzo).

- Cumplir las normas de seguridad indicadas por el fabricante de cada maquinaria (Real Decreto 1215/1997, de 18 de julio).

- Las toma de fuerza, poleas, los engranajes o las transmisiones al descubierto de las máquinas agroforestales (tractor, cosechadoras, etcétera) tienen que ir suficientemente protegidas frente a los posibles contactos accidentales.

- No modificar, ni mucho menos anular, las protecciones de que dispongan las máquinas agroforestales.

- La maquinaria solo deberá ser usada por el personal designado para realizar una determinada operación, con formación e información sobre sus riesgos laborales.

- Usar los equipos de protección individual con marcado de Conformidad Europea (CE) que sean imprescindibles para desempeñar cada operación (guantes, gafas, calzado de seguridad, mascarilla, etcetera).

- Mantener las distancias adecuadas entre las máquinas.

- Efectuar las operaciones de mantenimiento siempre con la máquina parada y bien anclada en el suelo, siendo únicamente realizadas por personal autorizado.

- Al enganchar aperos al tractor, el personal nunca deberá estar situado entre ambos elementos. Además, el tractor estará parado y con el freno echado.

- Vestir una ropa de trabajo que se ajuste bien al cuerpo, evitando el uso de pulseras, relojes, cadenas, etcétera.

Cortes y golpes causados por el manejo de herramientas

Medidas preventivas:

- Comprar herramientas que sean seguras y tengan el marcado CE. Mantenerlas en un buen estado de limpieza y conservación y no utilizarlas cuando estén defectuosas.

- Cumplir las normas de seguridad indicadas por el fabricante.

- Las máquinas han de disponer de la protección adecuada de aquellas zonas que presenten riesgo de producir cortes o golpes, impidiendo el acceso de partes corporales a las mismas.

- Utilizar herramientas con mangos bien diseñados (guardamanos).

- No regular ni tratar de desatascar con las manos la maquinaria que pueda producir cortes mientras esté funcionando (fresadoras de un motocultor, cadena de sierra mecánica, etcetera).

- Se utilizarán las herramientas de acuerdo a su función, manteniéndolas bajo un buen estado de uso.

- Guardar las herramientas cortantes en fundas y/o soportes adecuados.

Caídas de objetos

Medidas preventivas:

- Prestar atención al peso máximo que pueden manejar las máquinas elevadoras de materiales.

- No permitir que sea superado el valor máximo de carga en los vehículos de transporte de productos agroforestales.

- Establecer la prohibición de situarse debajo de una carga suspendida.

- Informar sobre la correcta utilización de los medios destinados a la elevación y el transporte de cargas.

- Garantizar la estabilidad en los apilamientos de productos, y sujetar o anclar firmemente las estanterías a elementos rígidos, colocando las cargas más pesadas en los estantes bajos.

- Realizar un mantenimiento periódico de los equipos (carretillas elevadoras, montacargas, etcetera).

Golpes o atropellos con vehículos autopropulsados

Medidas preventivas:

- Verificar las luces e indicaciones de los vehículos. Incorporar espejos retrovisores, en caso de que no tuvieran.

- El remolque deberá estar perfectamente señalizado con las luces indicadoras y señales reflectantes.

- Revisar periódicamente los órganos fundamentales de los vehículos (embrague, dirección, frenos, etc.). Comunicar las posibles deficiencias que se observen.

- Señalizar adecuadamente antes de iniciar cualquier maniobra.

- Utilizar el cinturón de seguridad cuando se conduzca.

- Mantener una velocidad prudente durante la conducción.

- Cuando se tenga que dejar un vehículo agroforestal parado en una pendiente, colocar una marcha contraria respecto al sentido de la marcha y calzarlo adecuadamente.

- Si hay que dirigirse al conductor agroforestal, el operario externo al vehículo deberá situarse delante de aquel a una distancia prudencial, oblicuamente a la dirección de marcha que tenga el tractor y haciéndose ver para efectuar señales. Acercarse solo cuando el tractor esté parado.

Proyecciones de partículas

Medidas preventivas:

- Comprar y utilizar maquinaria y equipos de trabajo (fresadoras, azadas giratorias, desbrozadoras, etc.) con elementos de protección (pantallas, resguardos, etc.) para evitar proyección de partículas (virutas, piedras, tallos...).

- Utilizar gafas protectoras, con marcado CE contra la proyección de partículas o fragmentos.

Manejo manual de cargas (Real Decreto 487/1997, de 14 de abril)

Medidas preventivas:

- Utilizar los medios mecánicos auxiliares para la manipulación de cargas o bien el auxilio de otras personas compañeras.

- Respetar las cargas máximas en relación al sexo y la edad.

- Manipular las cargas flexionando piernas y brazos, manteniendo la espalda erguida y la carga pegada al cuerpo.

Posturas forzadas y movimientos repetitivos

Medidas preventivas:

- Diseño ergonómico de los puestos de trabajo, analizando los procedimientos laborales.

- Seleccionar útiles de trabajo con diseño adecuado para evitar posturas forzadas y sobresfuerzos.

- Posibilitar los cambios de postura y los descansos, alternando de tarea si ello es factible.

- Colocar los útiles y demás medios de trabajo al alcance de la mano.
- Realizar una vigilancia periódica de la salud.

Riesgo eléctrico (Real Decreto 614/2001, de 8 de junio)

Medidas preventivas:

- Realizar un control visual antes de comenzar a trabajar en una operación que suponga un riesgo eléctrico.
- En operaciones de sustitución de batería, siempre con el vehículo parado, desconectar en primer lugar el borne negativo, y al instalar la nueva, este será el último en conectarse.
- Los vehículos agroforestales deben disponer de un dispositivo de descarga a tierra de la electricidad estática (como por ejemplo, las cadenas que cuelgan de la carrocería rozando el suelo).
- Frente a situaciones de tormenta, no circular con el tractor ni protegerse debajo de árboles aislados o cerca de tendidos eléctricos, y no quedarse guarecidos en lugares húmedos (ríos, grutas, etc.).

Exposición al ruido (Real Decreto 286/2006, de 10 de marzo)

Medidas preventivas:

- Comprar máquinas y equipos de trabajo con marcado CE, teniendo en cuenta el nivel de ruido que producen.
- Efectuar un mantenimiento adecuado de máquinas y herramientas.
- Aislar las fuentes de ruido, instalándolas lo más lejos posible de las zonas de trabajo.
- Reducir el tiempo de la exposición laboral mediante turnos de trabajo rotativos.
- Delimitar y señalizar las zonas de la exposición al ruido.
- Utilizar EPI adecuados al nivel de ruido ambiental, con marcado CE.
- Informar a los trabajadores del riesgo que supone trabajar con ruido.
- Diseñar programas para reducir el ruido y realizar controles médicos.

Vibraciones mecánicas (Real Decreto 1311/2005, de 4 de noviembre, y Real Decreto 330/2009, de 13 de marzo)

Medidas preventivas:

- Seleccionar vehículos y otros medios de transporte con baja intensidad de vibración.
- Utilizar vehículos cuyos asientos tengan un mecanismo antivibratorio.
- Utilizar fajas antivibratorias. Limitar la duración de la exposición.
- Modificar el proceso, evitando herramientas vibratorias.
- Diseño ergonómico de las herramientas.
- Mantenimiento preventivo de la maquinaria.

Manejo de sustancias químicas (Real Decreto 374/2001, de 6 de abril)

Medidas preventivas:

- Utilizar sustancias con las mismas propiedades químicas que la inicial, pero que sean menos peligrosas.
- Almacenar los productos químicos en lugares adecuados, bien ventilados y señalizando su almacenamiento, manteniéndolos en sus envases originales.
- Exigir al fabricante de los productos químicos todas las fichas de datos de seguridad.
- Establecer un plan de acción para el uso de los productos: métodos de trabajo, protecciones colectivas, individuales, almacenamiento, higiene y limpieza, gestión de residuos, etcétera.
- Evitar el contacto con la piel, utilizando mezcladores, paletas, guantes, homogeneizadores, etcétera.
- Disponer y utilizar los equipos de protección individual (RD 773/1997, de 30 de mayo), con marcado CE, según las prescripciones de uso de los mismos y la ficha de datos de seguridad que llevan los productos.
- Disponer de métodos para la neutralización, recogida de los derrames, y la eliminación de los residuos.
- Mantener los recipientes cerrados. No comer, fumar o beber en zonas donde pueda haber exposición a contaminantes.
- Cubrir los cortes y heridas con vendajes impermeables.

Exposición a los agentes biológicos (Real Decreto 664/1997, de 12 de mayo)

Medidas preventivas:

- Establecer y realizar un programa de limpieza y desinfección.

- Adecuada eliminación de los desechos.

- Cubrir los cortes y heridas con vendajes impermeables.

- No fumar, comer, estornudar o toser sobre los productos potencialmente peligrosos.

- No trabajar con estiércol cuando se tengan heridas, rasguños o arañazos en la piel (manos, brazos, etcétera).

- Evitar que los estiércoles queden situados cerca de pozos o cursos de agua potable, ya que habría riesgo de que se produjeran infiltraciones hídricas.

- Utilizar guantes y botas de seguridad, con cañas hechas de goma u otro material impermeable, para trabajar sobre lugares encharcados y al manipular abonos orgánicos en estado sólido-líquido.

- Mantener un grado elevado de aseo personal. Llevar siempre la ropa limpia y de uso exclusivo para la operación a desarrollar.

Condiciones meteorológicas y/o medioambientales desfavorables

Medidas preventivas:

a) Para calor:

- Organizar las tareas, de forma que las de mayor esfuerzo físico se lleven a cabo en las horas de menor insolación.

- Utilizar una ropa fresca y adecuada, y proteger la cabeza con gorras o sombreros.

- Prever lugares adecuados para los descansos, como arboleda, mayas de sombreo, casetas, etcétera.

- Beber frecuentemente agua o líquidos no alcohólicos y no tomar sal en las comidas.

b) Con frío:

- Disponer de instalaciones de reposo (casetas) cómodas y calientes.

- Ingerir alimentos y bebidas calientes, no siendo recomendable tomar bebidas alcohólicas, ya que podrían producir una vasodilatación periférica inicial, que aumentaría la pérdida de calor corporal.

- Utilizar una ropa de trabajo con protección aislante, adecuada para la temperatura existente (baja).

Riesgos psicosociales

Medidas preventivas:

- Intentar que los trabajadores tengan la máxima información sobre todo el proceso que han de realizar.

- Distribuir claramente las tareas y competencias laborales.

- Planificar los diferentes trabajos de la jornada, considerando una parte para imprevistos.

- Realizar pausas o alternancia de tareas para evitar monotonía laboral.

- Seleccionar al trabajador según la operación que ha de realizar.

- Distribuir las vacaciones y compensar con descansos los excesos de jornada.

4.2.3. Riesgos específicos de las profesiones agrícolas

Tractorista

Medidas preventivas frente al vuelco lateral del tractor:

- Usar cabinas, pórticos y cinturón de seguridad.

- Utilizar el máximo ancho de vía posible para las ruedas.

- Bajar el centro de gravedad: contrapesos, enganches de aperos lo más bajos posible...

- Utilizar la velocidad más corta en descensos y evitar desniveles.

Ídem ante vuelco trasero:

- Uso de cabinas, pórticos y cinturón de seguridad.

- Lastrar el eje delantero al llevar aperos.

- Punto para enganche del apero lo más bajo posible.

- Utilizar aperos con desenganche automático.

- Evitar subidas de fuertes pendientes.

Medidas preventivas contra la explosión de ruedas y neumáticos:

- Examinar de forma periódica el estado de conservación de las llantas, los ajustes de tornillos, etcétera.

- Controlar la presión de los neumáticos periódicamente.

- Evitar el contacto de neumáticos con la gasolina.

Figura 4.6. Tractor sin cabina de seguridad y en riesgo de vuelco lateral.

Figura 4.7. Tractor de alta seguridad para desarrollar trabajos agroforestales.

Medidas preventivas frente a los accidentes de tráfico por carretera:

- Bloquear los dos pedales de freno al circular por carretera.

- Tener todos los faros y espejos retrovisores reglamentarios.

- Realizar las revisiones de la ITV.

- Utilizar cinturón de seguridad.

Aplicador de plaguicidas (Real Decreto 1311/2012, 14 de septiembre)

En particular, para el caso de los plaguicidas, durante la mayoría de las operaciones de mezcla/carga y aplicación de estos productos en la agricultura, la vía dérmica puede tener incluso una contribución mayor a la dosis total absorbida que por inhalación directa, si no se utilizan los EPI y los procedimientos de trabajo adecuados.

Medidas preventivas:

- Adquirir los productos en sus envases originales (etiquetados) y solicitar las fichas de seguridad.

- De cada tipo de producto, leer atentamente las fichas de seguridad y las etiquetas.

- Utilizar el equipo adecuado que se facilita en la ficha de seguridad (traje, guantes, gafas, mascarilla, etc.) y comprobar las especificaciones de los EPI seleccionados.

- Utilizar equipos de aplicación adecuados y en buen estado de uso (RD 1702/2011, de 18 de noviembre). No aplicar el tratamiento a contraviento y no desatascar las boquillas obturadas con la boca (soplando). En trabajos con mochila, proteger la espalda mediante plásticos o ropa impermeable.

- No comer, beber ni fumar en zonas con exposición a plaguicidas.

- Llevar una ropa de trabajo adecuada, que cubra casi todo el cuerpo, sin dejar zonas expuestas a un posible contacto. La ropa de trabajo deberá lavarse sin mezclar con otras utilizadas para usos diferentes.

- Se deben usar guantes durante los tratamientos, que cubran las muñecas, llevándolos por dentro de las mangas.

- Llevar botas altas e impermeables (de goma, caucho...), cuyas cañas queden bajo el pantalón.

Figura 4.8. Intoxicación por plaguicidas.

Figura 4.9. Manipulación incorrecta de productos agroquímicos (INSST).

- Usar protección respiratoria que aísle de polvos y vapores desprendidos. Las mascarillas/máscaras que se utilicen deberán ajustarse a las particularidades de cada plaguicida.

- Tras realizar el tratamiento, lavarse la cara y las manos antes de comer, beber o fumar. Al acabar la jornada, ducharse y lavar la ropa de trabajo, guantes, botas y cambiarse de vestimenta.

- Los envases vacíos de plaguicidas deben devolverse al suministrador; es de obligación por ley hacerse cargo de la gestión de los residuos agroquímicos.

- Conservar los productos en sus envases de origen, bien cerrados, con sus etiquetas y ordenados por categorías (no juntar en un mismo lugar herbicidas con insecticidas, etcetera).

- Colocar los plaguicidas fuera del alcance de los niños y de los animales domésticos, lejos de alimentos y bebidas, en un local bien ventilado, fresco y seco, separado de viviendas y establos y, si es posible, cerrado con llave.

Medidas de seguridad en el uso de la desbrozadora

La máquina deberá estar equipada con un protector situado en su parte trasera para evitar que salga despedido algún elemento sólido hacia el usuario. Esta protección se basa en una chapa que cubre la parte trasera de los elementos cortantes. El operario debe llevar obligatoriamente un casco de protección y una rejilla o pantalla. Por otro lado, si el terreno está sembrado de objetos o piedras no fijas, resulta conveniente también utilizar una ropa ceñida y cómoda, que sea resistente para proteger al cuerpo de posibles impactos por proyección de materiales pétreos.

La parte frontal no va protegida y, por ello, es necesario prestar atención a las personas que pudieran encontrarse cerca del operario. Como norma general, el trabajador que utilice la desbrozadora debe asegurarse de que no tiene a nadie a menos de quince metros, y sobre todo que no esté delante de él.

También es conveniente utilizar protectores para los ojos y oídos, así como guantes amortiguados y con superficie antideslizante de agarre para evitar golpes y roces en las manos y botas de seguridad con suelas antideslizantes.

Manejo de máquinas cosechadoras y equipos de recolección (Real Decreto 1215/1997, de 18 de julio, modificado por el Real Decreto 2177/2004, de 12 de noviembre)

Medidas preventivas:

- Leer el manual de instrucciones y utilizar la máquina conforme a las recomendaciones en él descritas.

- Realizar el mantenimiento preventivo según las instrucciones del manual. Revisar todos los elementos de protección antes de comenzar el trabajo.

- Evitar la presencia de otras personas en las inmediaciones de las máquinas.

- Controlar el estado que presenta el resguardo de protección en el eje de transmisión de fuerza.

- Antes de proceder a la limpieza, lubricación o regulación de la máquina, debemos asegurarnos de que está completamente parada.

- Colocar la máquina en posición de transporte al circular por caminos o carretera, incluso si solamente se trata de ir a un campo próximo.

Manejo de la sierra mecánica

Medidas preventivas:

- Deben disponer de freno de cadena, por si se produce un rebote de la máquina, resguardo en la empuñadura trasera para evitar los efectos de una rotura de la cadena. También deberá llevar silenciador el tubo de escape y el motor quedará fijado con amortiguadores, para no producir vibraciones ni ruidos.

- En trabajos con sierra mecánica se mantendrán separadas las piernas, intentando estar lo más próximo a la máquina, para poder así obtener un reparto más favorable del peso.

- Antes de aplicar la sierra sobre un tronco, el motor deberá funcionar muy revolucionado para evitar que los dientes puedan quedar trabados en la madera y arrastren consigo a la máquina.

- En el desramado se debe utilizar el tronco del árbol como protección, para evitar posibles cortes en la pierna del operario.

- Para mayor seguridad en la puesta en marcha, se colocará la sierra mecánica en el suelo, cuidando que la cadena no pueda engancharse.

Utilización de motocultores y motoazadas

Medidas preventivas:

- Antes de iniciar el trabajo, verificar todas las protecciones de seguridad. Al ponerlo en marcha, cerciorarse de que la máquina está en punto muerto y con la transmisión de fuerza desconectada.

- Nunca se debe activar la transmisión de fuerza hasta que la fresa no esté sobre la superficie de suelo en posición de trabajo.

- No aproximar las manos ni los pies al rotor cuando esté funcionando.

- No usar una ropa de trabajo ancha que pueda ser enganchada.

- En una curva cerrada se deberá soltar el embrague de la transmisión de fuerza y levantar la fresa.

- Una vez en marcha, no soltar de forma brusca el embrague.

- Nunca retroceder con la intención de aprovechar la pasada. Dotar al mecanismo de marcha trasera de una manilla supletoria que, al presionarla, permita esa dirección; su suelta provocará un paro en la máquina, o bien que se invierta la marcha hacia delante.

- El motocultor tendrá el mecanismo de parada cerca de la empuñadura.

4.3. Buenas prácticas ambientales. Sensibilización medioambiental

4.3.1. Buenas prácticas ambientales

Son una serie de prácticas que se llevan a cabo en el campo para equilibrar los intereses agrícolas con el cuidado y respeto hacia el medio ambiente.

A continuación, se indican algunas prácticas que deben ser promovidas o desechadas por los agricultores durante su actividad productiva, las cuales, en la mayoría de los casos, no causan un incremento de los costes productivos.

Material vegetal

El principal objetivo que tienen estas medidas es adaptar al medio físico y biológico el material vegetal, con lo cual evitan realizar fertilizaciones inadecuadas o la sucesión de plagas y enfermedades. Así:

- Las especies y variedades vegetales elegidas deben estar adaptadas al tipo de suelo y clima donde se van a desarrollar.

- El material vegetal procederá de viveros autorizados y controlados por las Administraciones, por lo que tendrá unas garantías fitosanitarias mínimas y adecuadas al medio.

Mantenimiento del suelo

Su finalidad es mantener la fertilidad edáfica, incrementar los contenidos en materia orgánica y evitar los procesos erosivos. Para ello:

- Fomenta la rotación de cultivos.

- Evita la existencia de monocultivos, que disminuyen la biodiversidad e incrementan los problemas de plagas y enfermedades.

- La maquinaria y las técnicas de manejo del suelo se adaptarán a la pendiente y características del mismo, para evitar su compactación (suela de labor) o incrementar los procesos erosivos.

- Prohíbe un laboreo a favor de la pendiente, ya que lo contrario produce una pérdida de suelo y favorece la formación de cárcavas.

- En terrenos con pendientes pronunciadas, deberá labrarse siguiendo las curvas de nivel, favoreciendo así la percolación del agua de lluvia.

- Mantiene la cubierta vegetal en las épocas de lluvias, evitando el incremento de la escorrentía superficial.

- En zonas con fuertes pendientes, se instalarán elementos de protección, como pedrizas, revegetación, etcétera.

- Evita el uso indiscriminado de herbicidas.

Riego

Las buenas prácticas buscarán la eficacia del balance hídrico aportado al cultivo (lluvia y riego), intentando reducir las pérdidas producidas durante su circulación, entre las que destacan:

- Mantener limpia y bien conservada toda la instalación de riego, especialmente la bomba hidráulica.

- Evitar las pérdidas de agua debidas a roturas en la red (cabezal, goteros, ramales, elementos de unión, etcétera).

- Instalar equipos de control (presión, caudal, etc.) en el sistema de riego para mejorar su eficacia hidráulica.

Poda

Los residuos de masa vegetal facilitan la proliferación de ciertas plagas o enfermedades y su acumulación, junto a espacios naturales, puede contribuir a la formación de incendios. Entre las medidas de poda están:

- Evitar el acopio de restos vegetales alrededor de las parcelas, ya que son un foco de plagas denominadas «de sequía», como los barrenillos.

- Eliminar los restos de poda, preferentemente mediante su triturado y posterior incorporación al suelo, con lo que se incrementarán los niveles de materia orgánica y se mejorará la estructura del suelo.

- Evitar, en la medida de lo posible, la quema de los restos vegetales. En caso de que sea necesario hacerlo, se realizará siguiendo las indicaciones fijadas por las autoridades medioambientales competentes.

- Para plantaciones colindantes con terrenos forestales, dejar una franja sin cubierta vegetal (perímetro de protección) para minimizar el riesgo de incendios.

Fertilización

Su principal objetivo será equilibrar la dosis de cada elemento mineral en el suelo, con lo que se reducirán los niveles de nitratos y otros nutrientes inorgánicos en el medio físico (tierra y agua). Para ello:

- Aplicar la dosis de abonado según las necesidades del cultivo, consiguiendo una mayor asimilación por las plantas de los elementos minerales y un menor lavado de sales hacia capas de suelo más profundas.

- Suprimir las fertilizaciones durante las épocas de lluvia.

- No realizar fertilizaciones nitrogenadas en las épocas de sementera (antes de la siembra).

- Las aportaciones de nitrógeno se realizarán en cobertera y se ajustarán a los momentos de mayores necesidades del cultivo.

- Aportar el nitrógeno en forma orgánica, incorporándolo al suelo, ya que las pérdidas por lavado serán menores.

- En las zonas cercanas a los cursos de agua, evitar que se produzcan escorrentías a nivel superficial hacia los cauces hídricos, debiéndose dejar sin abonar una franja de dos a diez metros alrededor de los mismos.

Fitosanitarios

Todas las actuaciones irán encaminadas a reducir el número de las aplicaciones químicas y a minimizar la contaminación medioambiental. Esto se logrará fomentando las técnicas de control integrado y ecológico. Asimismo, se tendrá en cuenta lo siguiente:

a) Maquinaria y medios de aplicación:

- En su elección se debe considerar la plaga o agente patógeno que hay que combatir y el tipo de cultivo que se desea tratar, al objeto de buscar una mayor eficacia y una menor contaminación del medio.
- Se mantendrá en un adecuado estado de conservación, evitando las pérdidas de caldo agroquímico, prestando especial atención a boquillas, filtros, elementos de unión, etcétera.
- Periódicamente, se realizará la revisión de la maquinaria por medio de personal autorizado.

b) Antes de aplicar:

- Leer detenidamente la etiqueta.
- Solo emplear productos autorizados y registrados por el ministerio competente en la materia
- El producto fitosanitario elegido deberá estar autorizado en el cultivo, agente nocivo que se desea combatir y la técnica de aplicación.
- Seleccionar los ingredientes activos de menor impacto ambiental.
- Evitar el uso repetitivo de un mismo principio activo, al objeto de no dar lugar a resistencias por parte de los fitopatógenos.
- Establecer medidas de protección a la hora de preparar el caldo de aplicación para evitar posibles derrames.
- Seleccionar la dosis de aplicación mínima que figura en la etiqueta.
- Calcular con exactitud el volumen de caldo que se va a emplear, para que no haya excedentes del mismo.
- No realizar ningún tratamiento fitosanitario sin un asesoramiento técnico que lo justifique o cuando las condiciones atmosféricas no sean las adecuadas.
- Los envases utilizados a la hora de preparar la mezcla se dejarán limpios y custodiados en un lugar adecuado para ello.

c) Durante la operación de tratamiento:

- Solo mojar aquellas partes de la planta donde se localiza la plaga o agente patógeno que se quiere combatir.

- Evitar las acumulaciones excesivas de caldo, lo que ocasionaría un vertido innecesario sobre la superficie de cultivo (chorreo), y las emisiones atmosféricas de sustancias contaminantes por la elección de una maquinaria o una técnica de aplicación inadecuadas.

- Seguir fielmente las indicaciones que figuran en las etiquetas, que son las únicas autorizadas.

- Dejar sin tratar las zonas existentes alrededor de los espacios naturales que sirven de hábitat natural, tanto para la fauna silvestre y útil como para otros organismos.

- Consumir todo el caldo programado para realizar el tratamiento.

d) Después de aplicar:

- Limpiar y revisar el equipo de aplicación.

- No verter al medio ambiente los excedentes del caldo agroquímico o de los líquidos generados durante las operaciones de limpieza.

- Enjuagar con fuerza los envases vacíos, inutilizarlos y guardarlos en un lugar seguro hasta su eliminación por un gestor autorizado.

- Está terminantemente prohibido utilizar los envases de productos fitosanitarios para cualquier otro uso, su eliminación mediante incineración por el agricultor, su enterramiento o envío a vertedero.

Recolección

Las actuaciones programadas deben causar un impacto ambiental mínimo y respetar la salud humana.

- Respetar los plazos de seguridad.

- No dejar las plantaciones abandonadas, ya que suponen un reservorio de plagas y enfermedades.

- Continuar el mantenimiento de las plantaciones tras el aprovechamiento comercial de los frutos.

- Eliminar los restos vegetales y frutos afectados por plagas o enfermedades, ya que son un reservorio para plantaciones colindantes y supondrá un incremento de las aplicaciones fitosanitarias.

- Respetar en las operaciones de recolección, los nidos de aves o de otros animales al objeto de no alterar la biodiversidad natural.

- En cultivos bajo abrigo, tras finalizar la plantación, retirar los restos de plásticos, evitando su acumulación o acopio y, bajo ningún concepto, se incorporarán al suelo.

4.3.2. Sensibilización medioambiental

Algunos de los residuos generados por las distintas operaciones agrícolas pueden ser potencialmente contaminantes para los agroecosistemas, ya que algunos compuestos residuales pueden afectar negativamente tanto a la salud humana como al medio físico (agua y suelo) y biótico (seres vivos).

Tanto la política europea como española sobre la gestión de los residuos están basadas en una serie de principios generales:

- Producir la cantidad mínima de residuos.

- Separar en origen los diferentes tipos de residuos, lo cual facilitará su gestión posterior.

- Reciclar determinados residuos y entregarlos a plantas de reciclaje.

- Siempre que sea posible, valorizar los residuos y reutilizarlos.

- Valorizar energéticamente aquellos residuos que no se puedan reutilizar, debido a razones técnicas o económicas, mediante su empleo como material ustible.

- Hacer inertes los residuos para que pierdan su posible peligrosidad contra la salud humana y el medio natural.

- Depositar el resto de residuos en un vertedero controlado y seguro.

Aunque resulta complicado tratar aquí a todos y cada uno de los residuos generados por las diversas operaciones agrícolas o forestales, y particularmente los derivados de tratamientos fitosanitarios, sí pueden ofrecerse algunas recomendaciones básicas respecto a la forma de proceder con los más habituales.

Envases

El empleo de fitosanitarios para proteger los cultivos lleva asociada la generación de grandes cantidades de residuos de envases vacíos. La gestión adecuada de estos residuos es obligación de todos los operadores implicados en la actividad agraria.

Todo agricultor está obligado a entregar en un centro de agrupamiento los envases agroquímicos que ha ido utilizando para proceder allí a la gestión de los residuos. Esto deberá hacerlo de forma correcta, enjuagándolos tres veces para eliminar los posibles restos de producto fitosanitario y depositándolos con la etiqueta original perfectamente legible. Por seguridad, es imprescindible utilizar los elementos de protección personal necesarios durante la operación para preparar el caldo: traje protector, pantalla facial, guantes, botas, mascarilla, etc. Una vez protegido, los pasos que se deben seguir son:

1) Vaciar bien el contenido de cada envase en un tanque de aplicación.

2) Llenar el envase con agua hasta la cuarta parte (1/4) de su capacidad.

3) Tapar y agitar enérgicamente durante algunos segundos.

4) Echar el agua en el tanque de aplicación. Repetir los pasos 2, 3 y 4 dos veces más.

5) Inutilizar el envase perforando el fondo y sin dañar la etiqueta.

Un envase bien aclarado no contiene residuos tóxicos y, de este modo, se minimiza el riesgo de intoxicaciones u otros accidentes. Además, puede recuperarse hasta un 5 % de producto (mayor eficacia).

Plásticos

Los cultivos bajo plástico (protección de cultivos) o aquellos usados en tratamientos fitosanitarios (fumigaciones) consumen grandes cantidades de láminas de plástico. Además, la lluvia, el viento y las radiaciones ultravioletas del sol deterioran rápidamente las cubiertas de plástico, que deberán reponerse con periodicidad. Por ello, resulta necesario tener en cuenta lo siguiente:

- Tener especial cuidado con el manejo de los plásticos agrícolas desechados, ya que, al haber albergado en su interior cultivos inmersos bajo un microclima cálido, húmedo y acompañado por tratamientos fitosanitarios bastante intensos, podrían seguir llevando entre sus fibras una parte de dichos productos químicos.

- Al igual que los envases de fitosanitarios, los plásticos agrícolas infuncionales deben ser considerados productos peligrosos y gestionados como tales.

- No quemar nunca los plásticos desechados, ya que hacerlo sería un atentado grave contra el medio ambiente.

- Los plásticos fuera de uso deberán retirarse del medio agrícola lo antes posible y quedar almacenados en un lugar seguro hasta que, finalmente, sean entregados para su reciclaje a un gestor autorizado.

Hidrocarburos

La presencia de hidrocarburos en el suelo, aun bajo pequeñas dosis, puede dañar a la flora y fauna, sobre todo, cuando la contaminación viene causada por derivados del petróleo, tales como gasóleos, gasolinas, aceites minerales, etc. Estos residuos pueden aparecer en cultivos agrícolas, debido a la circulación de tractores, camiones y maquinaria motorizada. Para evitar esta contaminación por hidrocarburos, deberán seguirse las siguientes pautas:

- No arrojar nunca hidrocarburos al suelo ni a los cursos de agua.

- Realizar las tareas de mantenimiento de los motores y aperos dotados de mecanismos hidráulicos en centros especializados.

- Disponer de sistemas cortafuegos, apropiados a las operaciones que se realicen, para sofocar de inmediato cualquier conato de incendio.

- Disponer de abundante material absorbente para empapar los goteos y derrames accidentales de hidrocarburos.

- Disponer de recipientes para guardar los hidrocarburos usados y mantener los residuos bien almacenados hasta su posterior traslado a un gestor autorizado de residuos peligrosos.

Aperos, maquinaria y vehículos fuera de uso

Es preciso realizar una gestión adecuada de los aperos y vehículos fuera de uso, posibilitando su reutilización o su venta como chatarra, evitando la contaminación visual que se produce por la presencia dispersa de aperos viejos.

Restos de poda y vegetales

Los restos de poda y vegetales generados por una explotación agrícola o forestal podrían tener varias utilidades diferentes a la incineración, como por ejemplo:

- Ser alimento para el ganado, mezclándolos con el forraje.

- Fabricación de compost.

- Triturar las partes verdes y usarlas como abono, dejando el resto, con unas dimensiones mínimas, para leña.

- Servir como material de relleno, soterrado, en cárcavas o regajos.

Este tipo de restos vegetales no deben dejarse abandonados en las proximidades de los cultivos, ya que podrían ocasionar incendios al secarse o actuar como focos infecciosos. Deben triturarse y luego ser incorporados al terreno, siempre y cuando no supongan un riesgo laboral ni para el medio ambiente.

Figura 4.10. Operario aplicando producto fitosanitario al apero agrícola.

Figura 4.11. Antiguo tractor agrícola.

Figura 4.12. Restos de poda.

4.4. Protección del medio ambiente y eliminación de envases vacíos: normativa específica

El empleo masivo y descontrolado de productos fitosanitarios ha puesto en riesgo el medio ambiente, porque pueden incorporarse a los eslabones de las cadenas alimentarias y alterar aspectos fundamentales de la vida (capacidad reproductiva, sistema nervioso, etc.) que a largo plazo producen graves modificaciones en los ecosistemas naturales. No hay que olvidar que se trata de moléculas específicamente diseñadas para producir efectos nocivos en determinados grupos de seres vivos, que sus condiciones de uso requieren casi siempre una liberación directa en el medio ambiente o que algunos productos utilizados en el pasado quedaron prohibidos tras identificar unos impactos ambientales inaceptables.

Los residuos de los envases vacíos de los productos fitosanitarios están clasificados como residuos peligrosos. En general, existe una gran dispersión de los mismos, ya que se generan pequeñas cantidades de residuos por explotación. La gestión de los envases de fitosanitarios ha optado por el sistema integrado de gestión (SIG), una organización sin ánimo de lucro basada en acuerdos adoptados entre los agentes económicos que operan en el sector de los fitosanitarios, a excepción de los consumidores, y las Administraciones públicas. Actualmente, casi todos los productos fitosanitarios comercializados lo son por empresas adheridas al SIG de fitosanitarios.

4.5. Principios de la trazabilidad. Requisitos en materia de higiene de los alimentos y de los piensos

La trazabilidad se define como un conjunto de procedimientos preestablecidos y autosuficientes que permiten saber el histórico, la ubicación y la trayectoria de un producto o lote de productos, desde su producción y posterior transformación hasta el final de la cadena distribuidora de suministros, en un momento dado y a través de unas herramientas determinadas. Por lo tanto, la trazabilidad permite seguir el rastro de alimentos, bebidas o piensos desde su creación hasta que son consumidos por una persona o un animal, facilitando así la retirada de los productos en los que se haya detectado algún problema.

El sistema de trazabilidad incluye a todos los ingredientes utilizados durante la producción y transformación de alimentos o piensos:

- Materia prima (productos agrícolas, carne, pescado, etcetera).
- Productos destinados a la nutrición y sanidad vegetal o animal.
- Aditivos o cualquier sustancia que necesita ser incorporada en ellos.

Cuando se implanta la trazabilidad en cualquier empresa con actividad agroalimentaria se consigue una mayor seguridad sanitaria para los alimentos que comercializa, siendo mucho más eficaz a la hora de solventar cualquier problema de fábrica, o respecto a su calidad, antes de ser consumido el producto.

El sistema que se implante debe cumplir con los principios fundamentales de la trazabilidad:

a) Conocer bien el funcionamiento de la cadena de producción agroalimentaria: los agricultores desempeñan en ella el papel de operadores primarios, por lo tanto, son ellos quienes más directamente implicados están respecto a la producción de alimentos de origen animal-vegetal.

b) Recoger o registrar datos e información, para poder determinar:

- Trazabilidad hacia atrás: información sobre qué materia prima se recibe y quién la suministra.

- Trazabilidad interna o de proceso: información sobre todo lo que se va ejecutando en la explotación.

- Trazabilidad hacia delante: información sobre a quién se comercializa o distribuye la producción, cuándo y cómo.

Para ello, los agricultores deberán tener en cuenta el apoyo técnico de ingenieros agrónomos y de montes, veterinarios, asesores agrarios y forestales, etcétera.

Las consecuencias que la trazabilidad tiene para los operadores primarios de la cadena de producción agroalimentaria son:

- La participación de los agricultores en la seguridad alimentaria.

- Que su participación no se catalogue solo como un suministrador de productos agrícolas, sino como una empresa con actividad alimentaria.

- La satisfacción y el sentimiento profesional de que su trabajo es imprescindible socialmente, por constituir el primer eslabón en la cadena de producción agroalimentaria.

- Coger el hábito de registrar por escrito qué alimentos produce, cómo los elabora y a quiénes ha vendido sus productos.

Por otro lado, también hay consecuencias de la trazabilidad para los consumidores, que son:

- Alimentos de mejor calidad.

- Alimentos que no supongan un riesgo para la salud humana.

- No tener que afrontar situaciones de distorsión o crisis del mercado, provocadas por escándalos alimentarios como los del aceite de colza, la salmonelosis, legionelosis, etcétera.

- Valorar, apreciar y estimar, cada vez más, el buen quehacer de los agricultores (reconocimiento social hacia los operadores primarios).

4.6. Buena práctica fitosanitaria: interpretación del etiquetado y fichas de datos de seguridad

4.6.1. Buena práctica fitosanitaria

Se define como el conjunto de acciones encaminadas a realizar un tratamiento fitosanitario eficaz, eliminando sus posibles efectos contra la salud humana, tanto desde un punto de vista laboral como respecto a los futuros consumidores de alimentos, y minimizando los daños medioambientales.

La buena práctica fitosanitaria responde a varios principios, como por ejemplo:

- Fomentar la agricultura sostenible.

- Proteger la salud humana y el medio ambiente.

- Definir normas adecuadas para el almacenaje, transporte y utilización de fertilizantes y fitosanitarios.

- Eliminar de forma segura los residuos generados por las operaciones agrícolas relacionadas con el abonado y la sanidad vegetal.

- Fomentar el control de todos los tratamientos agroquímicos, especialmente respecto de los productos utilizados para ello.

De forma general, estas pautas no solo afectan al momento de tratamiento, sino también a las fases antes y después del mismo.

Antes del tratamiento

a) Identificar el problema, encontrando su causa (insectos, hongos, virus...), ya que incidiendo sobre la misma se soluciona el problema.

b) Elegir el momento de tratamiento más óptimo, para lo cual se deberá conocer:

- El umbral de tolerancia: solo se actuará cuando se alcance su valor.

- Conocer la biología de los agentes que causan plaga o enfermedad para poder aplicar el tratamiento cuando más efectivo sea.

- Saber analizar la sintomatología vegetal (daño biológico, físico…).

c) Elegir correctamente la técnica de aplicación fitosanitaria: dependerá de varios factores, como el tipo de agente que causa la plaga o enfermedad y sus enemigos naturales (aliados en una lucha biológica), las características físicas del terreno agrícola y agronómicas de la especie cultivada, las condiciones climáticas de la zona y, por supuesto, las medidas protectoras hacia el medio ambiente.

d) Seleccionar el equipo de protección individual más adecuado al tipo de producto y modo de aplicación.

e) Elegir el producto fitosanitario, para lo cual se debe tener en cuenta lo siguiente:

- Que sea eficaz contra la plaga o enfermedad que se va a tratar y esté autorizado tanto para la especie cultivada como para el fitopatógeno.

- Considerar su persistencia, ya que dependiendo de cual sea el patógeno que se quiere combatir y el momento de aplicación, puede resultar de interés un producto de larga persistencia o, por el contrario, uno con gran acción de choque y rápida degradación.

- Considerar su modo de acción.

- Tener en cuenta el estado fenológico en el que se halla el cultivo.

- Prever futuros efectos indeseables, de tipo secundario, como por ejemplo, la proliferación de ácaros o cochinillas.

- Elegir un producto selectivo y poco tóxico para los artrópodos beneficiosos.

- Considerar el coste del producto teniendo en cuenta su eficacia.

- Elegir productos respetuosos con el medio ambiente.

- Seguir las instrucciones de uso que se detallan en la etiqueta.

- Consultar el límite máximo de residuos según el mercado de destino al que vaya dirigido el producto agrícola tratado.

Durante la operación de tratamiento

a) Realizar una preparación correcta de la dosis indicada en la etiqueta:

- Seguir las indicaciones de la etiqueta insertada en el producto.

- Llevar siempre puestos los guantes durante la operación de mezcla y dosificación de los productos y tener la maquinaria en condiciones óptimas de funcionamiento.

- Es obligatorio hacer un enjuague triple al terminar cada envase.

- No quemar o enterrar los envases vacíos, ni dejarlos en la parcela o zonas colindantes, para evitar contaminaciones graves.

- Inutilizar los envases vacíos de productos y depositarlos en un lugar seguro y no contaminante, preferentemente un centro de agrupamiento (por ejemplo: SIGFITO).

b) Utilizar un equipo de tratamiento adecuado al producto que se desea usar y al cultivo que se va a tratar.

c) Distribuir el producto de forma uniforme sobre la superficie que se va a tratar, evitando el exceso o el defecto de producto en determinadas zonas de la parcela.

d) No tratar en condiciones climáticas adversas (lluvia, viento, etcétera).

e) Evitar las pérdidas de producto por derrame y por deriva (viento).

f) Avanzar en sentido contrario a la nube de pulverización.

Después del tratamiento

a) Señalizar debidamente la parcela tratada y respetar los plazos de seguridad asignados al producto aplicado.

b) Eliminar adecuadamente los envases vacíos.

c) Limpiar y guardar correctamente los equipos y medios utilizados.

d) Guardar el equipo de protección individual, pero antes realizar su mantenimiento (limpieza y revisión, mantenimiento de filtros, etcétera).

e) Ducharse bien con agua y jabón para eliminar cualquier gota de fitosanitario que haya podido acceder a la piel de los aplicadores.

4.6.2. Interpretación del etiquetado y fichas de datos de seguridad

Los productos fitosanitarios necesitan estar oficialmente registrados y autorizados para su comercialización. Para este proceso, se requiere un conjunto de análisis encaminados a conocer el comportamiento del producto para su adecuada manipulación y uso, evitando así posibles riesgos a quienes lo vayan a manipular e indicando las medidas protectoras que se deberán tomar, las pautas en caso de intoxicación y cómo evitar o minimizar los riesgos contra el medio ambiente.

Una vez autorizado su empleo para unas condiciones determinadas, la información del fitosanitario deberá quedar a disposición de los usuarios a través de la etiqueta y la ficha de datos de seguridad.

Las labores preventivas frente a sustancias químicas radica en que toda persona expuesta posea la formación e información precisas que le permitan conocer su peligrosidad y las precauciones que debe tomar durante su manejo.

Los procedimientos fundamentales para disponer de la información adecuada de un producto químico son:

- Etiquetado de los productos peligrosos.
- Fichas de seguridad de sustancias químicas manipuladas.

Etiquetado de los productos fitosanitarios

La etiqueta es el «carné» oficial que muestra toda la información sobre las características del producto químico que almacena un envase fitosanitario, así como respecto a los riesgos contra la salud humana y el medio ambiente que suponen su manejo. Todo aplicador de fitosanitarios deberá seguir siempre tales indicaciones obligatoriamente. La información mostrada en la etiqueta es fundamental para un uso adecuado del producto químico, pues pretende dar una indicación mínima y eficaz al manipulador sobre:

- Minimizar los efectos perjudiciales contra el medio ambiente.
- Utilizar y manejar adecuadamente los productos y sus envases.
- Evitar los riesgos de residuos en alimentos para el consumo humano.
- Evaluar los riesgos laborales y dar protección a los trabajadores.
- Establecer pautas en caso de intoxicación.

El etiquetado de agroquímicos es obligatorio y evita confusiones entre productos distintos o errores de manipulación, especialmente cuando se ha hecho algún trasvase. Sigue siempre una misma pauta informativa, cuyo cumplimiento íntegro es obligatorio, a la vez que una garantía de seguridad:

- Nombre bajo el cual es vendido el producto, composición química, fabricante, capacidad (volumen o peso) y distribuidor del mismo.

- Número de registro y lote de fabricación (dos años de vigencia).

- Establece las normas precisas de utilización y manejo.

- Pictogramas y categoría toxicológica.

- Especificidad respecto a producto-cultivo-plaga.

- Dosis y plazos de seguridad.

- Normas y precauciones de uso (número de tratamientos, incompatibilidades, etcetera).

- Medidas protectoras que debe tomar el aplicador. Medio ambiente. Salud pública. Frases H (dictan los riesgos específicos o las indicaciones de peligro) y frases P (dan consejos de prudencia).

- Gestión del envase.

La etiqueta de los productos fitosanitarios deberá indicar claramente la peligrosidad que conlleva su manejo, con el fin de proteger a los usuarios (agricultores), a la sociedad en general y al medio ambiente. Por esto, la simbología e indicaciones de peligro deberán ocupar un lugar bien visible dentro de la etiqueta. El Reglamento CE 1272/2008, sobre clasificación, etiquetado y envasado de sustancias y mezclas, introduce cambios en los pictogramas de las etiquetas de los plaguicidas. Los nuevos pictogramas de peligro adoptan forma de cuadrado apoyado en un vértice, llevan un símbolo en color negro, sobre fondo blanco y con un marco rojo lo suficientemente ancho para ser visible. Junto al pictograma de peligro aparecerá una palabra de advertencia:

- PELIGRO, para las categorías más peligrosas.

- ATENCIÓN, para las categorías menos peligrosas.

Figura 4.13. Cartel anunciando el cambio de pictogramas en los etiquetados.

Fichas de datos de seguridad

La ficha de datos de seguridad es un documento técnico que amplía la información de la etiqueta. Identifica e informa sobre las características y comportamiento del producto, los responsables de su fabricación y registro, sobre los riesgos y peligros que podrían darse cuando se manipula, su correcta utilización, los controles de la exposición, las medidas protectoras que se deberán tomar y las actuaciones que se deben seguir en caso de accidente.

Permite conocer el grado de peligrosidad correspondiente a una sustancia química en un producto determinado y las precauciones básicas que se deben tener en cuenta durante su manipulación, incluyendo lo siguiente:

- Identificación de la sustancia y el responsable de su comercialización.

- Composición/información sobre los compuestos químicos.

- Identificación de los peligros.

- Primeros auxilios.

- Medidas de lucha contra incendios.

- Medidas a tomar en caso de vertido accidental.

- Manipulación y almacenamiento.

- Controles de la exposición y protección individual.

- Propiedades físico-químicas.

- Informaciones ecológicas, toxicológicas y ecotoxicológicas.

- Consideraciones relativas a su eliminación.

- Información sobre su transporte.

- Información de tipo reglamentario.

- Otros datos.

4.7. Normativa que afecta a la utilización de productos fitosanitarios. Infracciones y sanciones

A continuación, se describirá la normativa relacionada con los fitosanitarios.

4.7.1. Normativa que afecta a la utilización de productos fitosanitarios

Los productos fitosanitarios tienen la consideración legal de sustancias peligrosas. A lo largo del presente manual, se ha hecho hincapié sobre las incidencias negativas que un mal uso de los mismos puede acarrear para las personas y el medio ambiente. Por lo tanto, la manipulación y el uso de productos químicos fitosanitarios inciden tanto sobre los propios aplicadores como afectan a su entorno natural inmediato, que a su vez influye sobre la salud humana de quienes consumen los alimentos de base agrícola. Existen diversas normas legislativas, tanto en el ámbito de la CEE como estatal y autonómico, que velan por la salud humana y el medio ambiente, controlando el uso de sustancias químicas peligrosas en agricultura y alimentación. Los productos fitosanitarios están estrictamente regulados por normativas, desde la creación de su ingrediente activo, fabricación, distribución comercial y transporte, hasta que son aplicados al medio agrícola, dando lugar a residuos, así como los productos alimentarios tratados con ellos.

Reglamentación técnico-sanitaria: Real Decreto 3349/1983, de 30 de noviembre

Es una de las disposiciones normativas fundamentales, aplicable a la fabricación, el almacenamiento, la comercialización y el uso de los fitosanitarios, estableciendo una clasificación de los mismos, así como las bases para fijar los límites máximos de residuos (LMR) en los productos agrícolas que se destinan al sector alimentario. Es de obligado cumplimiento para todos los que manipulan productos fitosanitarios, ya sean fabricantes, comerciantes, aplicadores...

Ley 43/2002, de 20 de noviembre, de Sanidad Vegetal

Esta norma responde a la demanda sobre seguridad alimentaria, salud laboral y protección medioambiental, estableciendo técnicas preventivas y de lucha contra fitopatógenos al objeto de minimizar daños y pérdidas económicas.

Siguiendo a su Artículo 41, los usuarios y quienes manipulan productos fitosanitarios deberán:

- Estar informados de todas las indicaciones que figuran en las etiquetas, instrucciones de uso y fichas de datos, respecto a todos los aspectos relacionados con su almacenamiento, manipulación y uso.
- Aplicar las buenas prácticas fitosanitarias, atendiendo a las indicaciones anteriores.
- Cumplir los requisitos de capacitación establecidos por la normativa vigente, según las categorías o clases de peligrosidad.
- Cumplir con lo establecido legalmente para la eliminación de los envases vacíos y seguir lo indicado en sus etiquetas al respecto.

Otra normativa estatal

- Real Decreto 506/2013, de 28 de junio, sobre productos fertilizantes.
- Ley 7/2022, de 8 de abril, de residuos y suelos contaminados para una economía circular, que afecta a la posible fabricación de productos fertilizantes de origen orgánico.

- Real Decreto 717/2010, de 28 de mayo, por el que se modifican el Real Decreto 363/1995, de 10 de marzo, por el que se aprueba el Reglamento sobre clasificación, envasado y etiquetado de sustancias peligrosas, y el Real Decreto 255/2003, de 28 de febrero, por el que se aprueba el reglamento sobre clasificación, envasado y etiquetado de preparados peligrosos.

- Reglamento (CE) Nº 1069/2009, de 21 de octubre, por el que se establecen las normas sanitarias aplicables a los subproductos animales y los productos derivados no destinados al consumo humano y por el que se deroga el Reglamento (CE) Nº 1774/2002, considerando su posible utilización en la fabricación de abonos y enmiendas.

- Reglamento (CE) Nº 1272/2008, de 16 de diciembre, sobre clasificación, etiquetado y envasado de sustancias y mezclas.

- Orden PRE/1402/2008, de 20 de mayo, por la que se modifica el anexo II del Real Decreto 280/1994, de 18 de febrero, por el que se establecen los límites máximos de residuos de plaguicidas y su control en determinados productos de origen vegetal.

- Orden APA/326/2007, de 9 de febrero, por la que se aprueban las obligaciones de los titulares de las explotaciones agrícolas y forestales en materia de registro de la información sobre uso de productos fitosanitarios.

- Reglamento (CE) Nº 1907/2006, de 18 de diciembre, relativo al registro, la evaluación, la autorización y la restricción de las sustancias y preparados peligrosos.

- Real Decreto 656/2017, de 23 de junio, por el que se aprueba el Reglamento de Almacenamiento de Productos Químicos y sus Instrucciones Técnicas Complementarias MIE APQ 0 a 10.

Obtención de los carnés de manipulador de productos fitosanitarios

La reglamentación técnico-sanitaria y sus posteriores modificaciones, diversa normativa en materia de PRL y la propia Ley de Sanidad Vegetal reiteran las necesidades de poseer una formación adecuada para manipular productos fitosanitarios. El Real Decreto 1311/2012, de 14 de septiembre, fija la normativa reguladora de los cursos de capacitación para realizar tratamientos fitosanitarios en España, distinguiendo cuatro categorías:

- Nivel básico: dirigido a los trabajadores auxiliares de comercios o tratamientos agroquímicos y a los agricultores que los distribuyan por su propia explotación sin emplear personal auxiliar y usando productos que no produzcan gases clasificados como tóxicos o muy tóxicos.

- Nivel cualificado: dirigido al personal responsable de comercios o tratamientos agroquímicos y a los agricultores que los distribuyan por su propia explotación empleando personal auxiliar y usando productos que no produzcan gases clasificados como tóxicos o muy tóxicos.

- Fumigador: nivel cualificado dirigido a los aplicadores profesionales, al utilizar productos que generan gases clasificados como tóxicos o muy tóxicos.

- Piloto aplicador agroforestal: dirigido a personas que poseen el título y la licencia de piloto comercial de avioneta o helicóptero, capacitándolas para obtener la habilitación correspondiente.

Asimismo, establece la duración y los contenidos mínimos para cada categoría definida, junto a los requisitos de acceso al curso, la caducidad y el formato de los carnés, etcétera.

4.7.2. Infracciones y sanciones

Otra gran aportación de la Ley 43/2002 de Sanidad Vegetal es el establecimiento, por primera vez, de infracciones y sanciones adecuadas a las necesidades actuales de la ordenación fitosanitaria (Capítulo II, Título IV), las cuales podrán ser leves, graves o muy graves para quienes incumplan esta normativa. Corresponde a las distintas Administraciones públicas, en el ámbito de sus respectivas competencias, realizar controles e inspecciones para poder asegurar el cumplimiento de lo previsto en la normativa.

Infracciones

Según sea el riesgo para la salud humana, la sanidad animal o el medio ambiente, las infracciones previstas para quienes incumplan la normativa relacionada con productos fitosanitarios podrán ser:

a) Leves:

- Utilizar y manipular productos fitosanitarios de forma incorrecta o sin autorización para ello.

- Incumplir los requisitos en materia de titulación o cualificación del personal que maneja los productos fitosanitarios.

- Incumplir los requisitos establecidos en materia de fabricación, envasado, etiquetado y almacenamiento de productos fitosanitarios.

- La desatención de la sanidad vegetal.

b) Graves:

- Fabricar y comercializar productos fitosanitarios de distinta naturaleza de para lo que se tiene autorización.

- Comercializar productos fitosanitarios cuya etiqueta suponga confusión al usuario final.

- Producir, almacenar y comercializar productos vegetales que tengan un límite máximo de residuos (LMR) mayor de lo permitido, y sea significativo a nivel toxicológico.

- No llevar a cabo el sistema de gestión de los envases, cuando ello repercuta contra la salud humana o el medio ambiente.

c) Muy graves:

- Incumplir las medidas adoptadas por las Administraciones para combatir las plagas y enfermedades de los cultivos agrícolas.

- Poner en circulación productos o mercancías inmovilizadas.

- Manipular o utilizar productos fitosanitarios no autorizados, cuando ello repercuta en la salud humana o el medio ambiente.

Sanciones

Las infracciones previstas por la Ley 43/2002 podrán sancionarse con multas cuyo valor económico varía según sea su grado, que a su vez lo hará dentro de unos límites mínimos y máximos:

- Infracciones leves, desde 300 € a 3000 €.

- Infracciones graves, desde 3001 € a 120 000 €.

- Infracciones muy graves, desde 120 001 € a 3 000 000 €.

Cuando una infracción ponga en peligro la salud humana, la sanidad animal o el medio ambiente, la sanción podrá incrementarse hasta en un 50 %.

4.8. Prácticas de aplicación de productos fitosanitarios

El aprendizaje de unas determinadas prácticas capacitará al operario para poder efectuar un tratamiento fitosanitario real, interpretando las etiquetas, calculando las dosis adecuadas, regulando la maquinaria, cumpliendo con todas las acciones necesarias para una buena práctica fitosanitaria y tomando las medidas preventivas y de protección.

4.8.1. Elección y colocación de un equipo de protección individual (EPI)

- Ante varios EPI, elegir uno adecuado (talla) y vestirse con él.
- Analizar si el EPI elegido es el correcto para llevar a cabo la operación de tratamiento fitosanitario.
- Recordar las características técnicas que deberán reunir los EPI.
- Comprobar la colocación correcta del EPI.

4.8.2. Interpretar la etiqueta en el envase del producto que se va a utilizar

- Leer individualmente la etiqueta de un producto fitosanitario.
- En grupo, comentar las diferentes partes de la etiqueta que se tendrán en cuenta durante la operación: pictogramas, consejos (frases S), riesgos (frases R), etcétera.
- Calcular la dosis necesaria correspondiente al tratamiento que se va a efectuar:
  — Cálculo de producto para dosificar (en tanto por ciento).
  — Analizar la importancia de hacer una prueba en blanco para el cálculo de producto cuando la dosis es en litros/ha o kg/ha (prueba que se realizará más adelante).

4.8.3. Revisión. Preparar y regular la maquinaria y los equipos para realizar el tratamiento

- Reconocer e identificar los componentes característicos en un equipo de pulverización, que se utilizará durante la práctica: cuba, calibrador, válvulas, regulador de presión, bomba, pistola, boquilla/s, manual de instrucciones, etcétera.

- Realizar una prueba en blanco para calcular y verificar el correcto funcionamiento de la máquina:

  — Cálculo de la dosificación y regulación de una máquina con una boquilla regulable (sin producto fitosanitario y solo con agua).

  — Cálculo de la dosificación y regulación de un pulverizador con más de una boquilla (pulverizador de barras), utilizando las tablas que nos proporciona el fabricante de la propia máquina.

4.8.4. Dosificar el producto fitosanitario

- Medir y/o pesar la dosis de cada producto que se debe añadir en la maquinaria de tratamiento, según los datos obtenidos durante las pruebas en blanco y los cálculos realizados, utilizando para ello los diferentes útiles y herramientas de medida y dosificación.

- Realizar la mezcla de productos para obtener el caldo fitosanitario que se aplicará durante la operación de tratamiento, empleando los diferentes utensilios o equipos de mezcla, que varían según sean líquidos o sólidos.

4.8.5. Realizar un tratamiento fitosanitario

- Llevar a cabo la operación, atendiendo siempre a las indicaciones del profesor y actuando de forma responsable, sin olvidar la buena práctica fitosanitaria, las medidas preventivas y las de protección individual.

4.8.6. Acciones postratamiento

- Limpieza y revisión de la maquinaria empleada durante la práctica de tratamiento fitosanitario.

- Limpieza y revisión de los utensilios empleados para medir, pesar y mezclar los productos agroquímicos aplicados durante la práctica.

- Limpieza y revisión de los equipos y utensilios destinados a la calibración y el mantenimiento de la máquina fitosanitaria.

- Limpieza y revisión del equipo de protección individual.

- Realizar las acciones o gestiones más adecuadas con los residuos generados durante la práctica: envases, equipos en mal estado, restos de producto fitosanitario, etcétera.

4.8.7. Aplicación de tratamientos fitosanitarios uniformemente

Tal y como ya se ha indicado anteriormente, para lograr la optimización de un tratamiento fitosanitario, un aspecto clave que se debe considerar es la uniformidad en su distribución, que a su vez dependerá de otros muchos factores:

- El tipo de producto fitosanitario.

- Las características de la superficie agrícola.

- Las condiciones climáticas durante la operación de tratamiento.

- Las características del caldo fitosanitario (adherencia, tensión superficial, viscosidad, etcetera).

- Las características técnicas de la maquinaria empleada.

4.8.8. Cálculo en función de la superficie que se va a tratar y del parásito que se desea combatir

En el caso de realizar tratamientos en estado líquido, la preparación de la solución activa o el caldo es una fase muy importante, ya que de la misma dependerá en gran medida el éxito final del tratamiento. La preparación se basa en poner a punto la maquinaria necesaria y elaborar el caldo diluyendo la cantidad correcta de producto activo en agua. Este último paso se conoce como dosificación. Para conocer cuánto producto se debe diluir en agua, deberán observarse las etiquetas de los envases. Allí, y en función de cuál sea el cultivo, de los agentes contra los que se quiera luchar y de la época del año, se indicará la cantidad necesaria que se debe añadir. Podrá ir expresada de varias formas:

- Directa: irá especificada en unidades la dosis apropiada. Por ejemplo: 150 ml/100 l indica que deberán emplearse 150 mililitros de producto por cada 100 litros de mezcla.

- Tanto por cien o tanto por mil (% o ‰): indica la cantidad de producto que se debe emplear por cada 100 o 1000 litros de mezcla. Por ejemplo, 0,05 % indica que se utilizarán 0,05 litros (50 mililitros) por cada 100 litros de mezcla, mientras que 0,05 ‰ indicaría que se utilizarían esos 50 mililitros en 1000 litros de mezcla.

- Superficie: determina la cantidad de producto que se debe emplear para una determinada superficie. Suelen usarse para herbicidas. Por ejemplo: 200 l/ha indica que por cada hectárea (10 000 metros cuadrados) que se deba tratar se necesitará emplear 200 litros de producto.

Una vez determinada la dosis apropiada, se necesitará saber la capacidad que deberá tener el depósito de tratamiento para conocer qué cantidad de mezcla puede prepararse. A veces no hará falta llenar el tanque completo, por lo que deberá conocerse, aproximadamente, qué cantidad de mezcla se necesitará para tratar la parcela. Este dato va en función de la maquinaria que se utilice para ello, de las boquillas, de la presión, de la velocidad de avance…, y suele ser determinado por la propia experiencia de los agricultores, o siguiendo las instrucciones de las casas comerciales.

RECUERDA...

Sobre los productos fitosanitarios

La **etiqueta** es el «carné» oficial que muestra toda la información sobre su correcta manipulación, las características químicas, los riesgos ambientales, las indicaciones de seguridad y salud para el aplicador, etc., de un producto fitosanitario. ¡LEERLA Y SEGUIRLA!

Sobre el nivel de exposición de los operarios

Los operarios que manejan productos fitosanitarios deberán ir protegidos adecuadamente con **equipos de protección individual (EPI)**, para reducir así el nivel de la exposición ante los efectos tóxicos de los productos agroquímicos que utilizan.

Sobre la buena práctica fitosanitaria

Las buenas prácticas fitosanitarias realizan tratamientos eficaces, **minimizando sus posibles efectos tóxicos** contra la salud humana (laboral y alimentaria) y el medio ambiente.

La **ficha de datos de seguridad** es un documento técnico que informa sobre las características del producto, los responsables de su fabricación y registro, los riesgos y peligros que podrían darse cuando se manipula y su correcta utilización, los controles de la exposición, las medidas protectoras que se han de tomar y las actuaciones a seguir en caso de accidente (ingestión).

Sobre las normas de prevención de riesgos laborales y de protección ambiental

La Ley 31/1995, de 8 de noviembre, de Prevención de Riesgos Laborales (LPRL), modificada y actualizada por la Ley 54/2003, de 12 de diciembre, de Reforma del Marco Normativo de PRL, es la **referencia en España para todas las actividades laborales**.

Las buenas prácticas ambientales aplicadas a los tratamientos fitosanitarios irán enfocadas a reducir el número de las aplicaciones químicas y a **minimizar la contaminación medioambiental**.

¿SABÍAS QUE...?

Sobre la buena práctica fitosanitaria

Las **frases H** o indicaciones de peligro de una etiqueta fitosanitaria van asignadas a una clase o categoría de peligro y **describen la naturaleza de los riesgos** que presenta una sustancia o mezcla química?

Los consejos de prudencia o **frases P** de una etiqueta fitosanitaria describen las medidas recomendadas para **minimizar o evitar los efectos adversos** causados por la exposición a una sustancia o mezcla química peligrosa durante su manejo, y que son de cinco tipos:

- Generales (P1XX).
- De prevención (P2XX).
- De intervención, caso de vertidos o exposiciones accidentales (P3XX).
- De almacenamiento (P4XX).
- Para eliminación (P5XX).

ACTIVIDADES PROPUESTAS

4.1. Consigue un manual sobre la normativa específica de la prevención de riesgos laborales en actividades de jardinería y elabora un resumen.

4.2. Localiza un manual para obtener el carné de manipulador de productos fitosanitarios de nivel básico-cualificado y hojea su contenido.

4.3. La Ley 43/2002 de Sanidad Vegetal clasifica las infracciones y sanciones en leves, graves o muy graves para quienes incumplan esta normativa:

a) Verdadero.

b) Falso.

4.4. El Real Decreto 39/1997, de 17 de enero, establece el marco de actuación para conseguir un uso sostenible de los productos fitosanitarios:

a) Verdadero.

b) Falso.

4.5. Las medidas de protección individual, si son utilizadas adecuadamente, reducen el nivel de la exposición a los fitosanitarios y, por lo tanto, la contaminación e intoxicación laboral:

a) Verdadero.

b) Falso.

Anejo II. Normas básicas para manipular productos fitosanitarios (INSST)

Aplicación y eliminación:

1) Ninguna persona podrá realizar trabajos de tratamientos fitosanitarios cuando NO disponga de la formación obligada por ley, o, aun teniéndola, no posea la suficiente información para llevar a cabo la operación (riesgos laborales, la forma de proceder, equipos de protección y primeros auxilios para casos de urgencia, etc.). El empresario será responsable de la formación e información de sus trabajadores.

2) Los tratamientos fitosanitarios deberán aplicarse siempre utilizando los equipos de protección individual (EPI) indicados para cada tipo de trabajo (hay productos más peligrosos que otros): guantes largos de goma o caucho, botas altas de caucho, mascarilla que proteja la nariz y la boca de la inhalación de gases o polvo tóxico, gafas o máscara facial que protejan de salpicaduras en los ojos y ropa de trabajo que dé protección al cuerpo de los productos químicos usados.

3) Nunca se aplicarán agroquímicos usando sandalias, pantalones cortos o camisas de manga corta, ni tampoco se usarán pañuelos que cubran la nariz y la boca como una supuesta medida preventiva para evitar la inhalación del producto. Esta práctica supone una fuente adicional de acceso por vía oral de la sustancia química, debido a que no evita su inhalación pero sí facilita el contacto bucal durante la operación.

4) No se debe fumar, ni beber, ni comer mientras se realizan fumigaciones. Al terminar el tratamiento, hay que lavarse con abundante agua

y jabón y cambiarse de ropa, en el mismo lugar de trabajo si esto es posible. Nunca hay que hacerlo en la propia vivienda, puesto que implicaría trasladar el riesgo de contaminación a la familia del trabajador. También hay que lavar la ropa y las protecciones personales tras cada tratamiento y guardarlo todo en un lugar bien ventilado, lejos de las habitaciones. La ropa de trabajo se ha de lavar separada del resto.

5) Intercalar un espaldar o pieza de tela impermeabilizada entre la espalda y el depósito de fumigar, cuando el producto fitosanitario se aplique con un pulverizador de accionamiento manual.

6) Verificar los equipos de aplicación para productos fitosanitarios (mochilas y tanques pulverizadores) antes de comenzar a usarlos. Asegurarse de que funcionan sin escapes ni derrames y que su calibración es la correcta para las dosis de aplicación necesaria.

7) No soplar ni aspirar jamás con la boca las boquillas de los equipos de aplicación cuando se obstruyan, puesto que hay un gran riesgo de intoxicación por contacto.

8) Pulverizar a favor del viento para impedir que la nube producida llegue al aplicador y evitar acceder a los campos recién tratados al ser zonas que darían una elevada exposición al fitosanitario. Igualmente, se debe guardar una distancia prudencial entre los trabajadores para evitar la mutua contaminación.

9) Señalizar mediante carteles de «aviso de peligro» las zonas tratadas. Igualmente, hay que impedir que los animales accedan a ellas.

10) Los trabajadores deberán estar bajo vigilancia médica. Los productos fitosanitarios, además de causar intoxicaciones agudas, podrían provocar graves trastornos de la salud que se manifiestan a largo plazo.

11) Los envases de fitosanitarios ya usados y vacíos deberán devolverse al suministrador, si es posible. La ley exige al usuario hacerse cargo de la gestión de los residuos derivados de sus productos. Los envases que no se puedan devolver serán considerados como residuos. Para su eliminación deberá seguirse todo cuanto la ley dispone al efecto.

12) Considerar, como norma general, que un envase vacío de un producto fitosanitario es un residuo peligroso, por lo cual está prohibido abandonarlo o eliminarlo de forma incontrolada (quema, enterrado, etcetera).

Almacenamiento y mezclas:

1) Buscar asesoramiento técnico antes de seleccionar un producto de uso fitosanitario que se desee aplicar. Informarse sobre cuál es *más eficaz,* considerando el tipo de plaga, el cultivo, su nivel tóxico y también el momento más oportuno para empezar el tratamiento. La información tiene que ir actualizándose (productos con registro en vigor).

2) Almacenar los productos fitosanitarios en locales protegidos de la lluvia o el sol y alejados de las viviendas. Los locales deberán ser seguros y poderse cerrar con llave. La puerta tendrá colocado un cartel que avise sobre los riesgos de los productos allí almacenados. Todos los productos fitosanitarios son sustancias peligrosas, por lo tanto, deberán estar separados de alimentos y piensos, así como fuera del alcance de los niños, animales domésticos y personas que desconozcan su manejo.

3) Agrupar las sustancias almacenadas por categorías de peligro (tóxicos, corrosivos, inflamables, etc.). Nunca deberán estar juntos los productos tóxicos y los corrosivos. Las sustancias inflamables (gasolina, gasóleo, etc.) quedarán guardadas en un armario cerrado bajo llave. Igualmente, hay que controlar el buen estado de los envases (incluyendo la etiqueta), para evitar las fugas o derrames.

4) Conservar los fitosanitarios en el envase original de compra; solo así se sabrá el producto que contienen. Es obligatorio para los recipientes que contengan sustancias peligrosas el llevar una etiqueta donde figure la denominación comercial del producto, sus efectos nocivos y las medidas de seguridad que se deberán seguir al utilizarlo.

5) Nunca se deberán trasvasar los fitosanitarios a recipientes domésticos. Esto podría dar lugar a confusiones entre productos peligrosos y otros de uso común, por ejemplo, alimentos o bebidas para personas y animales. Cuando haya que trasvasar un fitosanitario debido a derrames o roturas de los envases originales, será necesario especificar el nombre del producto y sus efectos nocivos en el nuevo recipiente.

6) Preparar las diluciones (caldos) teniendo en cuenta todas las indicaciones del fabricante y no usar nunca productos que no lleven etiqueta. Realizar estas operaciones respetando las dosis y las diluciones recomendadas. Recuérdese que más concentración no significa mayor eficacia del producto, sino más riesgos.

7) Realizar las mezclas al aire libre y siempre utilizando los equipos de protección obligatorios que se indican en la etiqueta de cada producto. Nunca se usarán las manos para remover las mezclas, aun estando protegidas con guantes. Igualmente, los instrumentos utilizados: embudos, filtros, paleta, etc., se usarán solo para estas tareas. Las operaciones de mezcla y carga (en los equipos de aplicación) son de alto riesgo porque implican el manejo de agroquímicos concentrados.

8) Evitar que los productos utilizados en los caldos de mezclas fitosanitarias, y su sobrante, contaminen el agua potable. No hay que lavar nunca los recipientes o los equipos fumigadores en fuentes, arroyos o ríos.

Figura II. 1-2. Armario metálico (arriba) y estanterías para la venta de productos fitosanitarios.

5. Lucha biológica y normativa relacionada

Introducción

El quinto y último capítulo transmite los conocimientos básicos necesarios para estudiar la lucha biológica contras las plagas que afectan a las plantas forestales, así como su normativa.

Contenidos

El objetivo de la lucha biológica no es la erradicación de una especie indesea-
ble, sino el mantenimiento de sus efectivos por debajo de un umbral de noci-
vidad, llamado también umbral de tolerancia económica, siendo sus daños tan
reducidos como para ser despreciables. La determinación de dicho umbral es
difícil y, para una especie dada, puede variar según la naturaleza de las plantas. En el caso de los ataques por pulgones, el umbral de tolerancia será más
bajo para las plántulas jóvenes cultivadas en viveros y destinadas a reforestación o a ser comercializadas como vegetales ornamentales que para los árboles viejos ubicados en un bosque.

5.1. Lucha biológica e integrada: métodos indirectos para el control de plagas, control de la población de depredadores y parásitos

Uno de los métodos actuales de lucha que cada vez está tomando un gran auge
dentro de las explotaciones agrícolas y forestales, debido a su respeto por el entorno medioambiental, es la **lucha biológica,** también llamada lucha natural, que
se basa en la destrucción de los insectos nocivos mediante otros, llamados beneficiosos, que viven y se alimentan de aquellos. Hoy en día la lucha biológica
se considera como un método seguro, permanente y económico para reducir
el efecto de las plagas y enfermedades agroforestales. El objetivo fundamental
de la lucha biológica es intentar mantener un ecosistema estable y regular de
una forma natural las poblaciones de organismos perjudiciales para las plantas, manteniéndolos en unos niveles mínimos que no afecten a la producción
vegetal. Para ello, es necesario apoyarse sobre unos estudios de dinámica poblacional y conocer bien los ecosistemas; solo así se podrá llegar a su máxima
utilidad. En esto estriba la mayor dificultad para implantar este tipo de lucha.

La **lucha biotécnica** o **etiológica** está dentro de la lucha biológica, ya que se
basa en manipular el comportamiento de las plagas para reducir sus efectos
perjudiciales. El método de lucha sobre las plagas es realizado mediante la utilización de sustancias químicas naturales, que actúan de muy diversas mane-
ras pero sin provocar su muerte: causando la esterilización, atrayéndolos hacia
un recipiente o lugar, agrupándolos, impidiendo la puesta de huevos, dispersán-
dolos, etcétera.

En el mismo sentido que la lucha biológica se halla lo que se denomina **lucha
integrada,** que se corresponde con un sistema de regulación de plagas que
considera su hábitat y la dinámica poblacional de las especies que intervienen
en el ecosistema, utilizando todas las técnicas y métodos apropiados, con objeto de mantener las plagas bajo niveles que no causen daños económicos.

En la lucha integrada tienen cabida todas las técnicas: lucha química, lucha biológica, métodos culturales, etc., que permitan reducir las poblaciones de plagas de una manera más razonada y concienciada con el medio ambiente.

Aplicar este sistema de control requiere un gran conocimiento y estudio de los ecosistemas agrarios o forestales, con una evaluación y gestión para estimar el momento más indicado en el cual se deba establecer la lucha y el modo de hacerlo. Debido a esto, el establecimiento de la lucha integrada se hace poco viable individualmente, por lo que se hace necesario establecer asociaciones entre agricultores locales.

Las Administraciones públicas proponen las ATRIAS (Agrupación para Tratamientos Integrados en Agricultura), en las que se orienta a los agricultores hacia las técnicas de lucha integrada enfocadas a estudiar la fenología vegetal, biología y ecología de las plagas o sus niveles de población críticos, así como los métodos de tratamientos químicos, biológicos y culturales más adecuados considerando los sistemas agroforestales locales.

A pesar de la complejidad de lo que puede suponer este medio de lucha, los éxitos obtenidos con la aplicación de este tipo de programas en varias zonas españolas, especialmente respecto a la reducción del consumo de fitosanitarios, permite augurar un importante futuro al control integrado de plagas y enfermedades agroforestales.

5.2. Colocación y control de trampas

Las trampas actúan como mecanismos que atraen a los insectos, quedando atrapados en ellas. Respecto a su modo de atracción hay:

Trampas de color: son láminas de plástico de un determinado color y recubiertas de un pegamento. El insecto atraído queda pegado a su lámina. Por ejemplo, el color amarillo atrae muy bien a pulgones, moscas blancas y minador, mientras que la coloración azul es mejor para trips.

Trampas de luz: provistas de una fuente de luz ultravioleta y una superficie adhesiva o un sistema eléctrico. La iluminación que provocan sirve de atracción a los insectos, principalmente durante la noche, al quedar pegados a la superficie adhesiva, o bien son electrocutados. Funcionan muy bien contra insectos nocturnos, como algunos lepidópteros (mariposas, polillas, etcetera).

Figuras 5.1. - 5.2. Trampas para la captura de insectos.

Figura 5.3. *Coccinella septem-punctata* para control biológico de plagas (pulgones).

Ciclo biológico del escarabajo ciervo

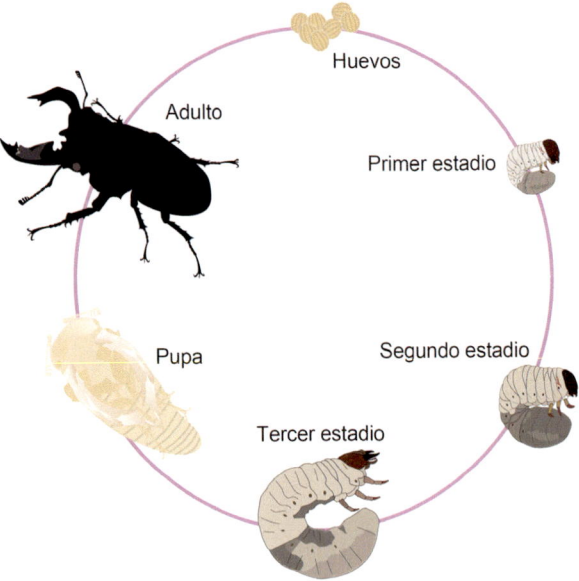

Figura 5.4. Ciclo biológico de *Lacanus cervus* (escarabajo ciervo),
especie de interés comunitario para su conservación.

Trampas con atrayentes alimenticios: desprenden olores de alimentos que atraen a los insectos, como frutas maduras y trituradas, extractos de plantas, harinas de pescado, etc. La trampa está engomada, de tal forma que los insectos que topan con ella se quedan pegados a la misma.

Trampas de feromonas: iguales en funcionamiento que las alimenticias, pero sustituyendo el alimento por feromonas, que son los compuestos químicos emitidos por los insectos para comunicarse. Hay feromonas de tipo sexual, de alarma, de agregación y de dispersión. Este método, además de para el trampeo o la captura masiva, es muy utilizado para realizar conteos o monitorizaciones de insectos (o seguimiento en el número de insectos durante un intervalo de tiempo) y también para la técnica de la confusión sexual, mediante la cual se liberan al aire feromonas de tipo sexual que confunden al macho, haciendo que sea incapaz de localizar a la hembra.

5.3. Agentes biológicos de control

La mayoría de las plagas y organismos fitopatógenos tienen antagonistas biológicos o enemigos naturales que se pueden emplear como estrategia de lucha en un programa de control biológico. El llamado control biológico clásico se basa en la potenciación o el uso de los enemigos naturales de una plaga para reducir su población.

Los agentes de control biológico son organismos vivos que reducen la población de insectos plaga y patógenos que afectan a las plantas. Existen animales, hongos, bacterias y virus antagonistas de los agentes que provocan plagas y enfermedades vegetales. Todos estos organismos (los hongos en particular) despiertan el interés de las empresas y órganos de investigación por su papel en el control de plagas y enfermedades vegetales y sin producir daños en el medio ambiente o sobre la salud humana.

Los hongos entomopatógenos pueden eliminar o mantener las plagas bajo niveles que no causen daños económicos a las plantas. Estos hongos habitan en rastrojos de cultivos, estiércol, suelo, plantas, etc., logrando un buen desarrollo en lugares frescos, húmedos y con poco sol. Constituyen, además, el grupo de mayor importancia en el control biológico de insectos plaga. Prácticamente, todos los insectos presentan susceptibilidad a ciertas enfermedades causadas por hongos. Existen aproximadamente cien géneros y setecientas especies de hongos entomopatógenos. Para poder utilizar estos hongos como insecticidas, primero se deben producir cantidades masivas de aquellos y, en segundo lugar, asegurar su capacidad infectiva por un periodo de tiempo considerable. La explotación de los hongos para el control de plagas implica una gran investigación multidisciplinar: genética, fisiología, ecología, patología, etcétera.

Los hongos nematófagos están formados por microorganismos fúngicos capaces de atacar, matar y digerir nematodos (huevos, juveniles y adultos). Aparte de su habilidad nematófaga, muchos de dichos hongos pueden vivir también de forma saprófita en materia orgánica muerta, o bien atacar a otros hongos (micoparásitos) y colonizar el sistema radicular de plantas como endófitos. Hay más de trescientas especies de hongos nematófagos descritos. La mayoría de los nematodos fitopatógenos viven en el suelo y atacan a las raíces de las plantas. Los hongos nematófagos quedan divididos en cuatro grupos dependiendo de su modo de infectar nematodos. El resultado de la infección será siempre la digestión total de nematodos. Los nutrientes que provienen de los nematodos los utilizan los hongos para formar nuevas estructuras fúngicas (hifas, esporas, etc.). Los cuatro grupos de hongos nematófagos están formados por:

- Hongos que atrapan los nematodos: las hifas forman varios tipos de órganos especializados en atrapar.

- Hongos endoparásitos: utilizan sus esporas para infectar nematodos.

- Hongos parásitos de huevos: infectan estados no móviles (huevos) de nematodos.

- Hongos productores de toxinas: las hifas contienen una toxina y cuando el nematodo entra en contacto con ella, éste resulta rápidamente inmovilizado; las hifas fúngicas van creciendo en el nematodo dirigidas a través de la boca y lo terminan digiriéndolo.

5.4. Legislación forestal y medioambiental referente a los trabajos de conservación y defensa de las masas forestales

La política forestal en España se desarrolla mediante un Programa Forestal definido en el Panel Intergubernamental de Bosques de las Naciones Unidas en 1997, con los objetivos principales de contribuir al desarrollo rural desde los aprovechamientos forestales, manteniendo y mejorando el estado de conservación de los montes, así como su potencial económico. El Programa Forestal español se basa en tres bloques:

a) Instrumentos legislativos: parten de la Ley 43/2003, de 21 de noviembre, de Montes y las leyes de montes aprobadas por las comunidades autónomas, junto al conjunto de normas que las desarrollan.

b) Instrumentos de planificación forestal.

c) Instrumentos para implementar las medidas de gestión forestal sostenible y fortalecimiento institucional desde un enfoque participativo.

El Real Decreto 1507/2003, de 28 de noviembre, estableció el Programa nacional de control de las plagas de langosta y otros ortópteros.

La Ley estatal de Montes define al monte de forma muy amplia en su artículo 5, al entender por tal «todo terreno en el que vegetan especies forestales arbóreas, arbustivas, de matorral o herbáceas, ya sea espontáneamente o procedan de siembra o plantación, que cumplan o puedan cumplir funciones ambientales, protectoras, productoras, culturales, paisajísticas o recreativas». Tienen también la consideración de monte:

a) Los terrenos yermos, roquedos y arenales.

b) Las construcciones e infraestructuras destinadas al servicio del monte en el que se ubican.

c) Los terrenos agrícolas abandonados que cumplan las condiciones y plazos que determine la comunidad autónoma, y siempre que hayan adquirido signos inequívocos de su estado forestal.

d) Todo terreno que, sin reunir las características descritas anteriormente, se adscriba a la finalidad de ser repoblado o transformado al uso forestal, de conformidad con la normativa aplicable.

5.5. Relación trabajo-salud: normativa sobre prevención de riesgos laborales relativa a los tratamientos de plagas

PLAGUICIDAS Y FITOSANITARIOS:

Real Decreto 3349/1983, de 30 de noviembre, por el que se aprueba la Reglamentación Técnico-Sanitaria para la fabricación, comercialización y utilización de plaguicidas.

Real Decreto 443/1994, de 11 de marzo, por el que se modifica la reglamentación técnico-sanitaria para la fabricación, comercialización y utilización de los plaguicidas.

Real Decreto 971/2014, de 21 de noviembre, por el que se regula el procedimiento de evaluación de productos fitosanitarios.

Real Decreto 1055/2022, de 27 de diciembre, de envases y residuos de envases.

Real Decreto 255/2003, de 28 de febrero, por el que se aprueba el Reglamento sobre clasificación, envasado y etiquetado de preparados peligrosos.

Real Decreto 830/2010, de 25 de junio, por el que se establece la normativa reguladora de la capacitación para realizar tratamientos con biocidas.

Real Decreto 1702/2011, de 18 de noviembre, de inspecciones periódicas de los equipos de aplicación de productos fitosanitarios.

Real Decreto 1311/2012, de 14 de septiembre, por el que se establece el marco de actuación para conseguir un uso sostenible de los productos fitosanitarios.

Figura 5.5. Aplicación correcta (izq.) e incorrecta de fitosanitarios (Enric Mitjans, INSST).

5.6. Buenas prácticas ambientales en el uso de productos fitosanitarios. Sensibilización medioambiental

Cualquier actividad agrícola o forestal supone la utilización de determinados recursos, que según el grado de intensificación y el manejo que se haga, puede ocasionar un serio deterioro de aquellos, o bien un consumo excesivo.

Las principales consecuencias afectan al:

- Suelo, medio donde se sustentan las plantas y que además aporta el agua y los nutrientes minerales.

- Agua, como elemento fundamental para la vida de las plantas.

- Paisaje, como entorno en el que se desarrollan las actividades agrarias y forestales.

La erosión de suelos es producida por diversos factores, entre los cuales cabe distinguir los de origen meteorológico de los causados por el ser humano. Las pérdidas anuales de suelo producidas en España son debidas básicamente a la violencia climática, por alternancia de los periodos de sequía con otros de lluvias intensas, a la existencia de terrenos con moderadas o altas pendientes y a la presencia frecuente de suelos arcillosos que generan grandes escorrentías hídricas a nivel superficial. Por otro lado, unas prácticas agrícolas o forestales inadecuadas también pueden incrementar la pérdida de suelo, dando lugar al empobrecimiento de los terrenos y al aumento de la desertificación.

En lo que se refiere a la contaminación de suelos, también existen diversos factores desencadenantes, como son:

- Las aplicaciones incorrectas de productos fertilizantes (en particular los nitrogenados), fitosanitarios y otros compuestos químicos.

- Las acumulaciones de residuos plásticos (envases), cuando se utilizan de modo abusivo o no se recogen adecuadamente.

Un mal uso de los recursos hídricos disponibles puede dar lugar a su agotamiento, como consecuencia de una sobreexplotación y salinización de los acuíferos. En este sentido, el empleo de sistemas de riego localizados que aportan solo el agua que realmente necesitan las plantas favorece un uso racional de los recursos hídricos. En la España seca, como son algunas zonas de Andalucía, el agua es un bien muy escaso sujeto a una climatología caracterizada por la escasez de precipitaciones, la intensa evaporación y las lluvias irregulares. Por todo ello, resulta necesario hacer un uso cada vez más racional y tratar de mantener tanto su cantidad como su calidad. Como consecuencia de los diferentes usos y aprovechamientos agrícolas y forestales, los paisajes han sufrido numerosas modificaciones a lo largo de la historia. Las actividades agroforestales generan importantes cantidades de residuos y subproductos que inciden de una forma u otra sobre sus paisajes, como por ejemplo, la proliferación de construcciones e infraestructuras poco respetuosas con el entorno, que causan un impacto visual negativo. Entre las buenas prácticas agroforestales, podrían citarse:

- Abrir caminos perpendiculares a la pendiente del terreno.

- Construir pequeñas pozas en terrenos con fuertes pendientes y con arboleda para el aprovechamiento de las aguas de lluvia.

- Hacer terrazas en terrenos montañosos.

- Reparar los surcos, cárcavas o barrancos ocasionados por los regueros de agua.

- Reforestar las zonas agrícolas abandonadas.

En determinadas circunstancias, resulta obligado el uso de productos fitosanitarios para combatir o prevenir los efectos de agentes nocivos en las plantas. Para estos casos, deberá hacerse un uso racional de los productos fitosanitarios, evitando así un deterioro medioambiental y garantizando la salud de las personas en contacto directo e indirecto con ellos. Así, de forma general, es importante considerar una serie de recomendaciones:

- Utilizar productos autorizados para cada especie vegetal y según las dosis recomendadas.

- Cumplir las normas de manejo y aplicación (estar en posesión del carné de manipulador).

- Respetar las indicaciones de los fabricantes (especialmente respecto a los plazos de seguridad).

- Cumplir las normas de gestión de los envases (no quemarlos ni enterrarlos, entregarlos en los puntos de recogida o a la empresa gestora).

- Planificar las aplicaciones de tratamientos fitosanitarios en función de las afecciones o plagas producidas, objetivos y eficiencia de los mismos (no planificar programas de tratamientos de un año para otro).

Antes de la siembra o plantación de una o varias especies agroforestales, deben analizarse todos aquellos factores que condicionarán su cultivo (crecimiento y desarrollo), como son el clima, el suelo y la incidencia de patógenos. En general, se recomienda que:

- Se analicen las temperaturas (las frías mínimas, el riesgo de heladas, la temperatura en época de floración, las cálidas máximas, etc.); el régimen de lluvias (pluviometría, intensidad y distribución anual de las lluvias); la incidencia de los vientos dominantes (dirección, velocidad, frecuencia); la intensidad luminosa, y la incidencia de accidentes meteorológicos (por ejemplo, el granizo).

- Se haga una evaluación sobre la idoneidad edáfica disponible, sus limitaciones físicas (profundidad, textura y encharcamiento), químicas (pH, caliza, salinidad y nutrientes disponibles) y biológicas.

- Se analice la incidencia de patógenos. Dicho análisis también se puede realizar mediante un estudio de las especies cultivadas anteriormente. Siempre se utilizará material vegetal sano y certificado, realizando prácticas culturales que favorezcan el desarrollo vegetal.

5.7. Normativa que afecta a la utilización de productos fitosanitarios. Infracciones y sanciones

La extraordinaria importancia de los productos fitosanitarios por su gran utilidad y eficacia en la lucha contra los organismos patógenos de las plantas, contrasta con los efectos indeseados derivados de una utilización inapropiada o abusiva de los métodos de control de plagas y enfermedades, basados en general en una lucha química. Esto ha motivado que los productos fitosanitarios hayan sido motivo de atención por parte de los gobiernos, parlamentos, organizaciones internacionales, etc., y que se hayan ido imponiendo normas cada vez más concretas y estrictas encaminadas a mejorar su conocimiento y control oficial. Entre la normativa legal existente, cabe destacar la referente al empleo sostenible de los productos fitosanitarios y a las inspecciones periódicas de los equipos de aplicación, así como el Reglamento Europeo sobre la comercialización de productos fitosanitarios.

Actualmente, la utilización sostenible de los productos fitosanitarios está regulado por el Real Decreto 1311/2012, de 14 de septiembre, que pretende reducir los riesgos y efectos causados por el uso de los productos fitosanitarios en la salud humana y el medio ambiente, y fomentar la gestión integrada de plagas y el uso de métodos alternativos de lucha, como los no químicos. Otro de los objetivos de dicho real decreto es aplicar y desarrollar ciertos preceptos relativos a la comercialización, utilización y el uso racional y sostenible de los productos fitosanitarios, establecidos por la Ley 43/2002 de Sanidad Vegetal.

Los objetivos de la Ley de Sanidad Vegetal son proteger:

- Las plantas y los productos vegetales de los daños ocasionados por las plagas.

- El territorio nacional y de la Unión Europea de plagas de cuarentena y evitar la propagación de las ya existentes.

- Los animales, vegetales y microorganismos que anulen o limiten las actividades de los organismos nocivos para las plantas y los productos vegetales.

Además de:

- Prevenir los riesgos para la salud humana y animal, así como para el medio ambiente que puedan derivarse de la utilización de productos fitosanitarios.

- Garantizar que los medios de defensa fitosanitarios reúnan las debidas condiciones de utilidad, eficacia y seguridad.

La Ley 43/2002, de 20 de noviembre, de Sanidad Vegetal, contempla un régimen de inspecciones, infracciones y controles que corresponderán a los órganos competentes de las comunidades autónomas. En general, regula sobre las inspecciones y los programas ajustados a un sistema de vigilancia en la fabricación, comercialización y uso de los medios de defensa fitosanitaria, velando por el cumplimiento de las buenas prácticas fitosanitarias, así como la vigilancia de los niveles de residuos presentes en los vegetales y sus transformados.

El Real Decreto 1702/2011, de 18 de noviembre, de inspecciones periódicas de los equipos de aplicación de productos fitosanitarios, desarrolla las disposiciones establecidas en la Ley 43/2002 de Sanidad Vegetal, relativas a los controles oficiales para verificar el cumplimiento de los requisitos para el mantenimiento y puestas a punto de las máquinas de aplicación de productos fitosanitarios, estableciendo la normativa básica en materia de su inspección. También traspone la parte referente a la inspección de los equipos de aplicación de plaguicidas de la Directiva 2009/128/CE, por la que se fija un marco de actuación comunitario para conseguir un empleo sostenible de los plaguicidas. El principal objetivo de dicho real decreto es regular las inspecciones de los equipos de aplicación de productos fitosanitarios para garantizar la correcta distribución y dosificación de los productos y evitar fugas en las operaciones de llenado-vaciado y mantenimiento.

5.8. Protección del medio ambiente y eliminación de los envases vacíos: normativa específica

5.8.1. Normativa y protección medioambiental en trabajos forestales

La contaminación de origen agrícola, los procesos acelerados y el riesgo potencial de la erosión edáfica, la proliferación de incendios forestales, en buena parte ocasionados por el abandono de tierras agrarias, el deterioro de los paisajes naturales, etc., son, entre otros, procesos que pretenden corregirse, aplicando para ello técnicas y pautas generales orientadas hacia una mejora medioambiental.

Es lo que se ha denominado como Buenas Prácticas Ambientales. A este respecto, la normativa básica de referencia es la siguiente:

- Real Decreto-ley 11/1995, de 28 de diciembre, por el que se fijan las Normas Aplicables al Tratamiento de las Aguas Residuales Urbanas.

- Real Decreto Legislativo 1/2001, de 20 de julio, por el que se aprueba el texto refundido de la Ley de Aguas.

- Real Decreto Legislativo 1/2016, de 16 de diciembre, por el que se aprueba el texto refundido de la Ley de prevención y control integrados de la contaminación.

- Ley 43/2002, de 20 de noviembre, de Sanidad vegetal.

- Ley 37/2003, de 17 de noviembre, del Ruido.

- Ley 43/2003, de 21 de noviembre, de Montes, modificada por la Ley 21/2015, de 20 de julio.

- Ley 42/2007, de 13 de diciembre, del Patrimonio Natural y de la Biodiversidad, modificada por la Ley 33/2015, de 21 de septiembre.

- Ley 45/2007, de 13 de diciembre, para el desarrollo sostenible del medio rural.

- Ley 4/2009, de 14 de mayo, de Protección Ambiental Integrada.

- Ley 21/2013, de 9 de diciembre, de evaluación ambiental.

- Real Decreto 139/2011, de 4 de febrero, para el Desarrollo del Listado de Especies Silvestres en Régimen de Protección Especial y del Catálogo Español de Especies Amenazadas.

- Ley 7/2022, de 8 de abril, de residuos y suelos contaminados para una economía circular.

- Real Decreto-ley 17/2012, de 4 de mayo, de Medidas urgentes en materia de Medio Ambiente.

- Real Decreto 445/2023, de 13 de junio, por el que se modifican los anexos I, II y III de la Ley 21/2013, de 9 de diciembre, de evaluación ambiental.

5.8.2. Eliminación de los envases vacíos de fitosanitarios

Los operarios agrícolas y forestales, para el desarrollo de su actividad profesional, utilizan productos fitosanitarios, generando residuos de los envases de plástico vacíos que, debido a haber contenido sustancias de origen químico, se consideran como peligrosos, lo cual puede suponer un grave problema medioambiental si no se utiliza un sistema controlado de recogida y así evitar el que puedan ser quemados, enterrados o abandonados en vertederos incontrolados o en el campo.

Actualmente, la gestión de los envases está regulada por diferentes normativas europeas y estatales que establecen las medidas para prevenir o reducir los impactos medioambientales. El Real Decreto 1055/2022, de 27 de diciembre, de envases y residuos de envases, tiene por objeto prevenir y reducir el impacto medioambiental de los envases y la gestión de sus recipientes vacíos o residuos a lo largo de todo su ciclo de vida. Con el Real Decreto 1055/2022, de 27 de diciembre, quedaron establecidas las medidas para sensibilizar, tanto a los usuarios de los productos fitosanitarios como de la población en general, sobre los riesgos que se pueden derivar debido a una gestión ambiental incorrecta de los residuos generados tras el empleo de los mismos. La legislación actual impone como una obligación a los fabricantes de productos fitosanitarios a que los pongan en el mercado participando en un sistema de depósito, devolución y retorno (SDDR) o a través de un sistema integrado de gestión de residuos y envases usados (SIG).

5.9. Requisitos en materia de higiene de los alimentos y de los piensos

La política europea en materia de seguridad de los alimentos persigue dos objetivos: proteger la salud humana y los intereses de los consumidores y promover el buen funcionamiento del mercado único europeo. De esta manera, la UE vela por que se establezcan y se apliquen normas de control en los ámbitos de la higiene de piensos y alimentos, la sanidad animal y vegetal y la prevención de la contaminación de los alimentos con sustancias externas. La Unión regula asimismo el etiquetado de los alimentos y piensos.

Las normas básicas relacionadas con la legislación sobre piensos y alimentos, así como los principios relativos a las responsabilidades de las autoridades competentes de los Estados miembros de la UE, se fijan al Reglamento (CE) Nº 178/2002 del Parlamento Europeo y del Consejo, de 28 de enero, por el que se establecen los principios y los requisitos generales de la legislación alimentaria, se crea la Autoridad Europea de Seguridad Alimentaria y se fijan procedimientos relativos a la seguridad alimentaria.

En abril de 2004, se adoptó un marco legislativo nuevo (paquete) sobre higiene: Reglamento (CE) Nº 852/2004 relativo a la higiene de los productos alimenticios. En el ámbito estatal está la Ley 17/2011, de 5 de julio, de seguridad alimentaria y nutrición.

Los residuos de plaguicidas están regulados por el Reglamento (CE) Nº 396/2005, que sustituye los actos legislativos anteriores y fija las normas para todos los productos agrícolas.

El Reglamento (CE) Nº 183/2005 regula la higiene de los alimentos para animales. El Reglamento (CE) Nº 767/2009, adoptado en julio de 2009, agrupa la mayor parte de la legislación sobre etiquetado y comercialización de los piensos. La Directiva 2002/32/CE sobre sustancias indeseables en alimentación animal incluye límites máximos de metales pesados y prohíbe la disolución de materias primas contaminadas.

5.10. Transporte, almacenamiento y manipulación de productos fitosanitarios

Para transportar productos fitosanitarios, fertilizantes y carburantes por carretera, considerados como sustancias peligrosas, la legislación vigente se rige por el Acuerdo Europeo sobre Transporte Internacional de Mercancías Peligrosas por Carretera (ADR). Complementario a este acuerdo, se aprobó el real decreto 97/2014, de 14 de febrero, por el que se regulan las operaciones de transporte de mercancías peligrosas por carretera en territorio español. En dicho real decreto se aclara que no podrán exigirse condiciones o requisitos relativos a la fabricación y equipamientos de los vehículos más rigurosos que los establecidos en el ADR. Los envases fitosanitarios vacíos, en determinadas circunstancias, no están sujetos al acuerdo ADR. Son diferentes normativas las que afectan el almacenamiento de productos químicos de uso agrícola y forestal, pero entre todas ellas hay que destacar el Real Decreto 656/2017, de 23 de junio, por el que se aprueba el Reglamento de Almacenamiento de Productos Químicos y sus Instrucciones Técnicas Complementarias MIE APQ 0 a 10. Este reglamento tiene por objeto establecer las condiciones de seguridad en las instalaciones de almacenamiento, carga, descarga y trasiego de productos químicos peligrosos, entre los cuales están los fitosanitarios.

RECUERDA...

Sobre la normativa para utilización de productos fitosanitarios

Los tratamientos fitosanitarios empleados por los aplicadores para el control de las plagas y enfermedades que atacan a sus cultivos agroforestales, **han de seguir la normativa vigente respecto a la correcta gestión de los envases vacíos y la protección a la salud y el Medio ambiente,** cuyo incumplimiento daría lugar a infracciones y sanciones.

SABÍAS QUE...

El Real Decreto 285/2021, de 20 de abril, establece las condiciones de almacenamiento, comercialización, importación o exportación, control oficial y autorización de ensayos con productos fitosanitarios, y, además, aplica algunas modificaciones en el Real Decreto 1311/2012, de 14 de septiembre, por el que se establece el marco de actuación para conseguir un uso sostenible de los productos fitosanitarios.

ACTIVIDADES PROPUESTAS

5.1. El objetivo principal de la lucha biológica es la erradicación total de una plaga no deseable:

a) Verdadero.

b) Falso.

5.2. Las trampas de color están provistas de una luz ultravioleta que atrae a los insectos:

a) Verdadero.

b) Falso.

5.3. Los agentes de control biológico son organismos vivos que reducen la población de insectos plaga y patógenos que afectan a las plantas:

a) Verdadero.

b) Falso.

5.4. Se considera monte todo terreno en el que vegetan especies forestales arbóreas, arbustivas, de matorral o herbáceas, ya sea espontáneamente o que procedan de siembra o plantación, que cumplan o puedan cumplir funciones ambientales, protectoras, productoras, culturales, paisajísticas o recreativas:

a) Verdadero.

b) Falso.

Mapa conceptual

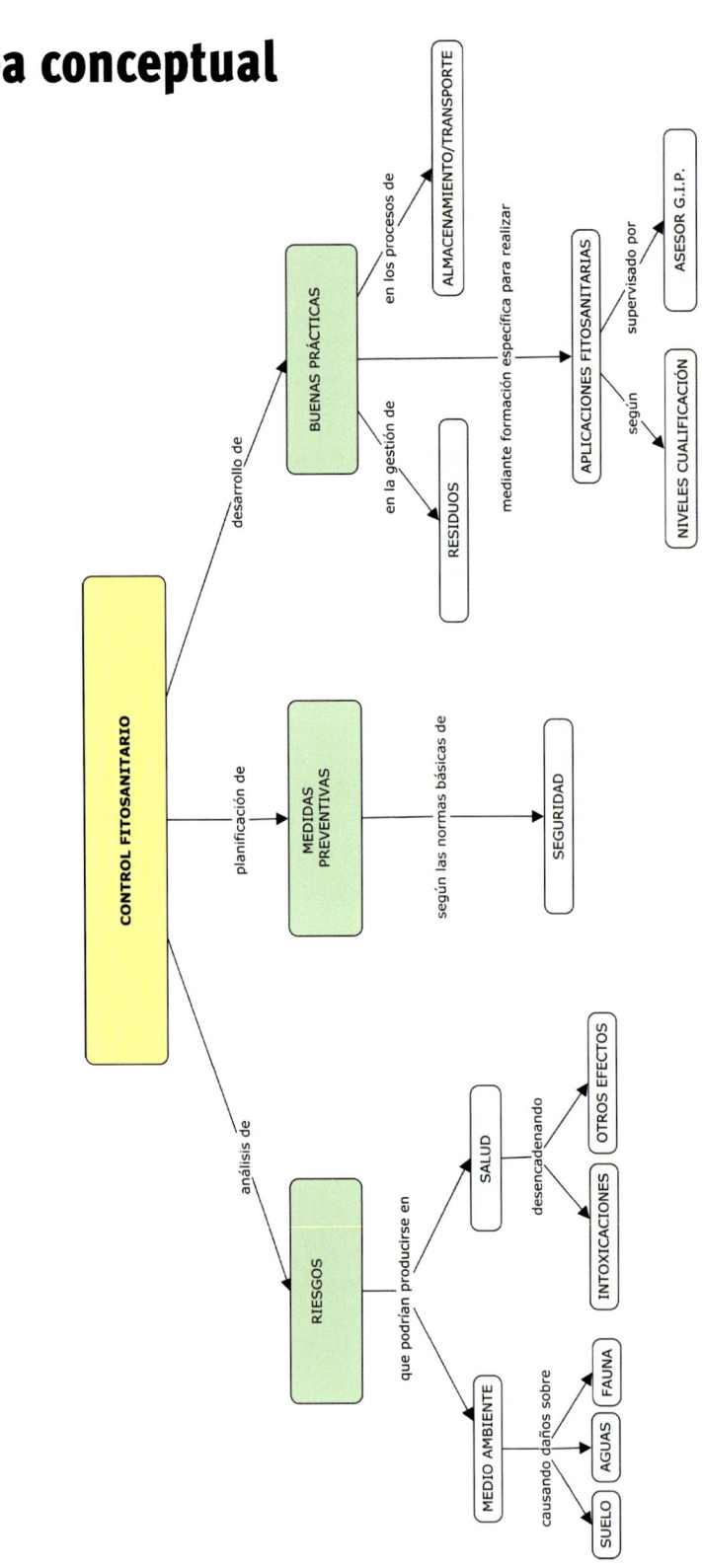

Bibliografía

AGRIOS, G. N. 1998. *Fitopatología*. México. Ed. Limusa.

BARBERÁ, C. 1989. *Pesticidas agrícolas*. 4ª edición. Barcelona. Ed. Omega.

BOTO FIDALGO, J. A.; LÓPEZ DÍAZ, F. J. 1999. *La aplicación de fitosanitarios y fertilizantes.* Universidad de León.

CARRERO, J. M. 1996. *Maquinaria para tratamientos fitosanitarios*. MAPA y Ediciones Mundi-Prensa.

CARRERO, J. M. 1996. *Lucha integrada contra las plagas agrícolas y forestales*. Madrid. Ediciones Mundi-Prensa.

CASTRO CACHINERO, F. J.; MORENO VEGA, A. 2014. *Recolección de hongos silvestres*. Ediciones Paraninfo. Madrid.

DAJOZ, R. 2001. *Entomología forestal: los insectos y el bosque. Papel y biodiversidad de los insectos en el medio forestal*. Madrid. Ediciones Mundi-Prensa.

DE LIÑÁN VICENTE, C. 1998. *Entomología Forestal*. Ediciones Agrotécnicas, S.L. Madrid.

DÍAZ DE LA GUARDIA, M. 2010. *Fisiología de las plantas*. 2ª edición. Grupo Editorial Universitario.

INSHT. 2011. *Guía técnica para la evaluación y prevención de los riesgos relativos a la utilización de los equipos de trabajo*. 2ª edición. Madrid.

JIMÉNEZ ÁLVAREZ, L.; MORENO VEGA, A.; LÓPEZ GÁLVEZ, M. Y. 2014. *Mantenimiento básico de instalaciones en explotaciones agrícolas*. Ed. Paraninfo. Madrid.

LÓPEZ GÁLVEZ, M. Y.; MORENO VEGA, A.; JIMÉNEZ ÁLVAREZ, L. 2013. *Operaciones auxiliares de preparación del terreno, plantación y siembra de cultivos agrícolas*. 2ª edición. Madrid. Ediciones Paraninfo.

LÓPEZ GÁLVEZ, M. Y.; MORENO VEGA, A. 2017. *Aprovechamientos de recursos y manejo de suelo ecológico.* Madrid. Ediciones Paraninfo.

LÓPEZ GÁLVEZ, M. Y.; JIMÉNEZ ÁLVAREZ, L.; MORENO VEGA, A. 2025. *Operaciones auxiliares de abonado y aplicación de tratamientos en cultivos agrícolas.* 2ª edición. Madrid. Ediciones Paraninfo.

LÓPEZ ROMERO, D. 2009. *Transporte y almacenamiento de productos químicos para uso agrario.* Comunidad Autónoma de la Región de Murcia, Consejería de Agricultura y Agua.

LLÁCER, G.; LÓPEZ, M. M.; TRAPERO, A.; BELLO, A. 1996. *Patología vegetal* (2 tomos). Valencia. Sociedad Española de Fitopatología.

MARTÍNEZ OCAÑA, A.; MORENO VEGA, A. 2016. *Usuario profesional de productos fitosanitarios. Nivel básico.* Madrid. Ediciones Mundi-Prensa.

MONTERO, G.; SERRADA, R. 2013. *La situación de los bosques y el sector forestal en España - ISFE 2013.* Sociedad Española de Ciencias Forestales.

MORENO VEGA, A. 2015. *Actividades de riego, abonado y tratamientos en cultivos.* Ediciones Paraninfo. Madrid.

MORENO VEGA, A. 2015. *Actividades auxiliares de preparación del terreno, plantación y siembra de cultivos.* Ediciones Paraninfo. Madrid.

MORENO VEGA, A. 2025. *Operaciones auxiliares en el control de agentes causantes de plagas y enfermedades a las plantas forestales.* 2ª edición. Madrid. Ediciones Paraninfo.

MORENO VEGA, A. 2017. *Usuario profesional de productos fitosanitarios. Aplicador de plaguicidas. Nivel cualificado.* Madrid. Ediciones Mundi-Prensa.

MORENO VEGA, A.; LÓPEZ GÁLVEZ, M. Y.; JIMÉNEZ ÁLVAREZ, L. 2014. *Operaciones culturales, recolección, almacenamiento y envasado de productos agrícolas.* Ediciones Paraninfo. Madrid.

MUÑOZ, C.; *et al.* 2007. *Sanidad forestal. Guía en imágenes de plagas, enfermedades y otros agentes presentes en los bosques.* 2ª edición. Madrid. Ediciones Mundi-Prensa.

ORTIZ CAÑAVATE, J.; HERNANZ, J. L. 1989. *Técnica de la mecanización agraria.* 3ª edición. Madrid. Ediciones Mundi-Prensa.

ORTIZ-CAÑAVATE, J. 2003. *Las máquinas agrícolas y su aplicación.* 6ª edición. Madrid. Ediciones Mundi-Prensa.

PORRAS PIEDRA, A.: Coord. 2000. *Maquinaria para el cultivo*. Madrid. Ed. Agrícola Española.

ROMANYK, N; CADAHIA, D. 1992. *Plagas de insectos en las masas forestales españolas*. 3ª edición. Madrid. Ministerio de Medio Ambiente.

VIEDMA, M. G.; BARAGAÑO, J.R.; NOTARIO, A. 1984. *Introducción a la entomología*. Editorial Alhambra.

VV.AA. 1992. *Plagas de insectos en las masas forestales españolas*. Colección técnica. ICONA. Ministerio de Agricultura, Pesca y Alimentación.